重返
世界尽头的咖啡馆

〔美〕约翰·史崔勒基——著

万洁——译

北京联合出版公司

果麦文化 出品

序

有时，在你最不抱期待，也许也是你最需要的时候，你突然发现自己身处全新的环境，与新认识的人交谈，见识各种新事物。我就有过这样的体验，那是很多年前的一个晚上，在一个小地方，那里有个亲切的名字——为什么咖啡馆。

自从在那家咖啡馆待了一晚，我就踏上了我从未想过的人生之路。我明白了什么是真正的自由，也意识到真正的自由才是我的人生追求。

走进那家咖啡馆时，我完全不知道自己是如何找到了它，又为什么要去。我只是由衷感激那次机会。

后来有一天，在同样可能性极低的情况下，我发现自己再次站在了那家咖啡馆的门口。在那儿度过的时间再次让我踏上了新的人生旅途，我将永远对此怀有感激之心。

本书讲的就是我回到为什么咖啡馆的故事。

01

那是完美的一天。天空一碧如洗，轻柔的暖风迎面拂来。我感觉自己到了天堂。这么说其实不夸张，因为夏威夷就是会给人这样的感觉。

我那天的全部安排就只是骑单车。没有时间限制，没有预先规划路线，也没有其他待办事项。我蹬着车子，随便沿着道路前行，直觉让我往哪儿骑，我就往哪儿骑。这段悠长的单车之旅，只有我、我的车子和等我去探索的天堂般的风景。

我已经骑了好几个小时，现在完全不知道自己身在何处。这样正合我意。

我最喜欢的一首歌突然闪入脑海。唱那首歌的歌手叫让娜·斯坦菲尔德（Jana Stanfield）。歌里有句歌词是"我没有迷路，我只是在探索"，完美诠释了我这趟骑行。从很多方面来说，这句歌词都十分贴切地描述了我的冒险。

我一下子想到多年前的一个晚上。那晚我在一个叫"你为什么来这里咖啡馆"的小地方度过，去过那儿的人都亲切地称它为"为什么咖啡馆"。那时我的感觉不是探索，而是迷路。

那晚之后，我的人生改变了许多。我几乎想不起之前的人生了，就好像那是另一个世界的另一个我。

转过一个弧形弯道，我就瞥见了大海，那是不可思议的一片湛蓝。于是我想到海龟，这又是与咖啡馆度过的那晚有关的事物。

真是奇怪，尽管相当长一段时间以来我都不曾如此强烈地想过那家咖啡馆，但我感觉自己从来不曾真正离开过。

眼前这条路上还有两个转弯和两处绝美的风景。

夏威夷的色彩之缤纷热烈让人难以置信。这片群岛由火山组成，岛上处处是黑色的火山熔岩。大自然仿佛有意赋予此地鲜明的对比色，熔岩碎裂，化为新土，生趣盎然的绿色植物纷纷从土中冒出来，为背景板似的蓝绿色大海添了不知多少花丛，有深浅不一的橘色、红色和其他灿烂的颜色……真是令人大饱眼福。

"妙极了，"我想，"真是妙极了。"

之前十个月里，我的生活充满"妙极了"的感觉。在南非的海滩上远眺鲸鱼，在纳米比亚狩猎，在中美洲帮助刚孵化出来的小海龟回归大海。后来，我花了三个月的时间骑单车横穿马来西亚和印度尼西亚，这是我整趟旅行的高潮。现在我正在回家的路上，中途在夏威夷停留几个星期。

毕竟离天堂那么近……干脆去游玩一番。

这不是我第一次尝试探索这个世界。很久以前，在为什么咖啡馆度过一夜之后，我开始了新生活：工作一年，旅行一年，再工作一年，再旅行一年。在大多数人眼中，这样的生活很奇怪，他们觉得这样不稳定，可我觉得适合我。我发现只要有一技之长，就永远有人需要你，找份新工作从来都不是问题。

那些觉得我的生活奇怪的人常跟我说，他们特别想尝试像我一样生活。但几乎没有一个人真的尝试。还有人说，如果能和我一起踏上旅途，哪怕几个星期也好，一定会很有趣，但就连这些人也没有付诸实践。

我想，纵身一跃，投入未知的生活实在是太难了。

我继续蹬车子，看到了更多美景。空气中弥漫着清甜的花香，夏威夷最让我喜爱的一点就是花香。在这里呼吸，我仿佛置身于花蜜之中，领略到了最纯粹的自然之味。

再骑两英里，我将到达以前从未到过的地方。道路比较平坦，我能听到右边传来阵阵海浪声。前方有一个岔路口，我要么右转，要么左转。

"走少有人走的路。"我想，"永远选那条少有人走的路。"于是，我选择右转。车轮下的柏油路变成了碎石路，我感觉自己的肌肉紧张起来。我知道，每当我探险或是遇到新奇、刺激、吸引力巨大的事时，我就会这样。

我一边骑车，一边隔着树林眺望大海。"过会儿我可以去游泳。"我想。

在碎石路上骑了二十分钟左右，我突然产生一种似曾相识的感觉。怪了，我绝对从没来过岛上的这片地区。可不知怎么了……

我正想弄清楚这突如其来的感觉是怎么回事，就看见了它在前方稍远处，路的右侧。那是一座小小的白房子，门前是一片碎石铺的停车场，房顶竖着一块蓝色霓虹灯招牌。

我差点从单车上摔下来。"这不可能。"我想。当然了，一切皆有可能——在为什么咖啡馆里就是如此。

我又往前骑了一段，靠近咖啡馆，不由得微笑起来。太多回忆涌了上来。我从那个地方获得了太多有价值的思考。可咖啡馆怎么会在这儿出现？为什么在此时此刻出现？上次这家咖啡馆绝对不在这儿。

我又瞟了一眼身后没人，于是更加卖力地蹬车子，加快了骑行速度。我想赶快骑到咖啡馆跟前，免得它突然消失掉。

我的担心是多余的。五分钟后我就骑到咖啡馆门口，它好端端地在那里，并没有消失。我仔仔细细地打量着它。"真不敢相信。"我说。

前门旁边有个放单车的车架，我把车子放在了那儿，满心好奇。这家咖啡馆为什么会出现在这儿？

02

我只犹豫了片刻就踏上门前的台阶，拉开了咖啡馆的门。门上安着铃铛，和我上次见到的一样。叮叮当当的铃声响起，店里的人便知道我来了。

我进门四下张望，产生一种时光倒流的感觉，眼前的布置几乎和十年前的布置一模一样。红色的卡座、银色的圆凳、吃早餐的吧台……一切看上去都还是崭新的。

"约翰，欢迎回来。"

我循声向左一看，只见刚才还没人，现在竟然冒出个人来，是凯茜——我第一次来时招待我的女服务员。那次我花了一整晚的时间同她、咖啡馆老板和另外一个客人交谈，他们的观念和想法改变了我的人生。

凯茜笑意盈盈。

我也微笑着致意："嗨，凯茜！"

她走过来，给了我一个温暖的拥抱。"好久不见。"

我点了点头，依然为眼前的一切感到惊奇。"你看起来不错啊，"我说，"好像……一点都没变。"我说的是真话，她的确一点都没变老。

她又笑着说："你看起来也不错啊，约翰。"

我环顾咖啡馆四周。"真不敢相信我在这儿。今天早晨我还在回想这里呢，记得特别清楚，没想到在这儿碰上了……"

"我们时不时会换换地方。"她说。就好像这样简单的一句话就足以解释我在这里巧遇多年前在千里之外发现的咖啡馆一样，这里连内部的装潢和陈设都丝毫没变。

"你就当我们是在这里开了分店。"她边说边笑。

我哈哈大笑。她是在逗我，因为上次我来时就曾建议他们开分店。她怎么连这个都记得这么清楚？

她指指旁边一个卡座："坐一会儿吗？"

我坐了过去，摸了摸座椅，感觉完全是新的。

"要点些什么吗？"凯茜边问边把菜单放在桌上。

我笑了。我记得那份菜单——上面有时而出现、时而消失的魔法文字。于是，我再次拿起菜单。

上次来这家咖啡馆，我看见菜单背面有三个问题。

你为什么来这里？

你害怕死亡吗？

你满足吗？

我翻到菜单反面，这些问题还在。就是因为这三个问题，我的人生发生了怎样的改变啊。

"现在你的生活有些不一样了，对吗？"凯茜问。

我抬头看着她，微笑着回答："的确不一样了，非常不一样。发生了一些非常好的改变。"

"比如说？"

我摇了摇头。"真不知道该从哪里说起呀！"

凯茜坐到我对面的座位上，伸出双手，放在我的手上。"就从你十年前离开咖啡馆的那个早上说起吧，怎么样？"

03

我翻过手心，轻轻捏了捏凯茜的手，很温暖。她是真实存在的，我真的回到了咖啡馆。

我难以置信地摇了摇头，然后笑了。"好吧，让我想想。"我开始讲述，"上次，我带着你给我的咖啡馆菜单，迈克做的一块草莓大黄派，还有对人生的新看法，从这里走出去，走入了全新的现实世界。

"那一晚改变了我。直到今天，那时领悟的道理依然影响着我人生的方方面面。绿海龟的故事，渔夫的故事，和安妮之间的关于如何选择属于自己的人生的对话……这些都是我现在生活方式的重要组成部分。"

凯茜微笑着往后靠了靠，朝咖啡馆的门口抬了抬下巴："上次你进门的时候可不太开心。"

我笑着告诉她："现在好多了。其实现在过得太开心，我都快记不得过去的生活了。我真得好好想想，才能记起以前的生活有多不开心。"

"那你离开咖啡馆之后，都经历了什么？"

"经历了许多变化。"我稍微耸了耸肩，"我变了。我相信的做事原则、行为方式和方法都变了……有的变化小，有的变化大。没过多久我就辞掉了当时的工作，决定去看看世界。"

"真的吗？"

我点了点头："我早就有类似的想法，但似乎总也没法下定决心。离开咖啡馆后，我的心态更开放了。要是在以前，我一见到那些活得特别潇洒自在的人，就会立刻与他们划清界限。我会找一百万个理由告诉自己，为什么我不能像他们那样活着，做他们所做之事。可咖啡馆那一夜过后，我对那些人的看法截然不同了。他们对我来说不再是威胁，而是努力的方向。

"我想，大概是因为以前我对自己的存在没有安全感，特别害怕自己在某些方面无知却又不肯问清楚，怕在人前表现得愚蠢或尴尬。更让我担心的是，我还不肯花心思去学习。

"总之，当我走出咖啡馆，我陆续和许多在世界各地旅行的有趣的人有过接触。于是，存了一些钱之后，我也走出家门，上路了。"

凯茜点了点头："后来呢？"

我笑着继续说："后来发生的事太精彩，花上五十辈子我都说不完。总之，我的生活彻底改变了。这颗星球上有许许多多不可思议的地方，还有同样精彩的体验等着我去经历，还有无数人生课程等着我去学习。"

04

我和凯茜聊了不到一个小时，我跟她讲了我去过的地方和经历过的探险：去非洲狩猎，去中国登长城，在婆罗洲探索热带雨林，在古罗马的古老遗迹中徜徉……说的时候，我感觉凯茜早就去过我提到的好多地方。看她的反应，似乎她也曾经四处旅行。但她还是问了我很多问题。

"你呢？"最后我问，"我差不多都说完了，你这些年过得怎么样？"

"嗯，你已经注意到了，我们咖啡馆的位置和你上次去过的不一样了。"

"我确实一直在纳闷这件事。"

她点了点头："这是有原因的，因为今天发生了一件事。"

"什么事？"

这时，一辆白车驶入停车场。

凯茜往外瞟了一眼。"约翰，你会不会做饭？"

"不太会，勉强做一顿像样的早餐倒是还可以。怎么了？"

"迈克今天要晚点儿才能回来，我需要有人去厨房帮帮忙。"她朝刚刚停下的那辆车点了点头，"喏，有客人来了。"

我有充分的理由对她说不，比如我以前从没在咖啡馆做过饭，我只会做几样东西，我又不是咖啡馆的员工……但不知怎么回事，我居然觉得这些都不算问题。

我笑道："好吧，如果客人点蓝莓薄煎饼或者法式吐司配菠萝，我还能应付。别的我就不敢保证了。"

她也笑着对我说："那就但愿客人点这些东西吧。"她又瞟了一眼外面的车。"你现在就去厨房看看吧，过几分钟我去找你。"

05

凯茜看到一个女人走下车。和夏威夷的气氛一比，她打扮得有些隆重——身穿商务装，脚踩高跟鞋，头发高高盘起……然而，这一切都掩饰不住她脸上的焦虑和紧张。她手忙脚乱地想关上车门，放好车钥匙，同时还要接电话。

终于，她成功地关上了车门，但不小心把钥匙掉在地上。凯茜听见她弯腰捡钥匙时骂了一句"该死"。结果，弯腰时她又把手机掉在了地上。凯茜笑起来。

最后，女人终于把钥匙和手机都捡起来，朝着咖啡馆门口走来。她又把手机贴上自己的耳朵，踏上门口的台阶，这时记起车门还没锁，于是伸手去摸车钥匙，再次把钥匙弄掉了。

她脸上露出恼怒的表情。最后，她再一次捡起钥匙，成功地锁上了车，车子发出一声响亮的嘀声。

女人拉开咖啡馆的门，把手机按在耳朵上，似乎想听得更清楚些。"我听不见，"她大声说，"信号太差了。我听……听不见……"她看看手机，叹了口气，挂断了电话。

"嗨！"凯茜语气轻松地向她打招呼。她刚才就站在门口，目击了整个过程。

女人惊讶地抬起头。"嗨，不好意思，我只是……我是说……"女人摇着头解释，"我想继续通话，但是貌似信号突然没了。"

凯茜点了点头。"是的，确实有这种情况。"她微笑着问，"我能帮你做点什么吗？"

女人四下张望了一会儿，她在考虑是留下还是离开。她的装束和举止都表明她在寻找什么别的地方——一个并非路边餐馆的地方。她的眼神和面部表情都在说，她觉得这个咖啡馆不配让她留下。

可紧接着凯茜看见那女人的眼中闪过一道光。在这副略显浮夸的外表下，她内心似乎有个真实的角落劝她说："在这儿待一会儿吧。"

"如果你再沿着这条路走上二十分钟左右，可以看到很多其他小店。"凯茜说，"那边信号更好一些。"她在给那女人台阶下。

女人犹豫起来。尽管她显然想走出门去，但还是有一点儿想留下……

"你也可以在这儿待会儿，"凯茜说，"点几样小菜，看看我们店怎么样。"

凯茜向一个靠窗的卡座点头示意说："那个位置不错。"

女人和凯茜对视了一会儿。

"好吧。"几秒钟后女人说，她轻轻摇了摇头，就好像在努力清空思绪，"好吧，谢谢。"

她坐了下来。

"你可以先看看这个。"凯茜说着把一份菜单放在桌上,"另外你想喝点什么吗?"

"咖啡,黑咖啡。"

"马上就来。"凯茜转身朝厨房走去,嘴边浮起一丝浅笑。

06

凯茜进来的时候,我还在熟悉厨房。

"怎么样?"她问。

"嗯,我看到了平底锅、冰箱、各种餐具。"

"还有围裙。"凯茜补充道。

"对,还有围裙。"我说着低头瞟了一眼,"希望迈克不介意,我看它挂在门后,就拿来系上了。"

"他肯定一点都不介意。"凯茜说。

"咱们的这位顾客有什么故事?"

凯茜露出一个神秘的微笑。"太早了,还不好说。可以留意一下。"她指指我身后,"她想要一杯黑咖啡,你能把那个咖啡壶递给我吗?"

"我找不到咖啡在哪儿，"我回答，"你进来的时候我正在找呢。"

凯茜再次指指我身后。我一回头，发现那里有一个咖啡机，上面放着一个崭新的咖啡壶，壶里是新鲜的咖啡。我非常确定，二十秒前这些东西还不在那儿。

"你确定需要我帮忙？"我边问边拿起咖啡壶。现在回想起来，我觉得这家咖啡馆里的东西并不像表面看起来那么简单。

"当然啦。"凯茜说着从我手中接过咖啡壶，顺便还拿走了附近架子上的一个空杯子。她微微一笑："等等啊，我过会儿就回来。"

07

凯茜走到餐桌前。尽管没信号，那女人还是在摆弄手机，应该是习惯了。

"来了，新鲜黑咖啡一杯，用的是我们特殊的夏威夷混合咖啡豆。"凯茜说着放下杯子，把咖啡倒进去，"还是没信号吗？"

"没有。"女人回答，声音听起来有些焦虑。

凯茜放下咖啡壶，伸出手。"我是凯茜，你是第一次来这儿，是吗？"

女人谨慎地伸出手，和凯茜握了握。"是的，我好像迷路了，我从来没走过这条路。我是杰西卡。"

"很高兴见到你，杰西卡。欢迎！"

凯茜探身从桌上拿起菜单，那是我和凯茜之前坐的地方。"如果你想再多坐会儿，可以看看这个。"她说着将菜单放在杰西卡面前。

杰西卡看了一眼菜单封面。上面印着一行字，"欢迎来到你为什么来这里咖啡馆"，再往下是一行类似注释的小字："点餐前，请先询问我们的服务人员，您在此停留的时间意味着什么。"

杰西卡指着那行字问凯茜："我不明白。"

凯茜笑了。"这些年来，我们发现来这儿待过的客人都会有些不一样的感觉，"她说，"所以我们想，干脆帮他们轻松地经历整个来咖啡馆的体验，帮助他们明白自己想要的有可能是什么。"

杰西卡疑惑地看了凯茜一眼说："我还是不明白。"

"有时候你去一个地方点了咖啡，最后得到的只有咖啡；有时候你点了咖啡，最后得到的却比你期望的多得多。我们咖啡馆就是这种地方，给你的东西将远超你的期待。”

杰西卡还是一脸不解。

“你可以先扫一眼，说不定会发现什么感兴趣的呢。”凯茜说着碰了碰菜单，“我过会儿再来吧。”

说完凯茜转身走开，杰西卡打开了菜单。

“这地方真古怪。”她想。她又看了一眼手机，发现还是没信号。“都没法查这家店在网上的评价。”

“是啊，我们店的位置有点偏僻。”凯茜说。她从另一张桌子上收了几样东西，往厨房端去，正巧经过杰西卡。“不过，这也给了你一个依靠直觉的机会，有时候人的直觉比网上评价管用。”她微笑着说道。

杰西卡迟疑地朝她笑了一下，但还是不明白凯茜在说什么。就这样，她目送凯茜进入厨房。“她怎么知道我在想什么？”她很纳闷。

08

"怎么样?"

我抬起头来。刚才我正往冰箱里看,想熟悉一下里面的食材。

"还行吧。不过我还是不确定自己有没有准备好。"

"没准备好的话,你就不会出现在这儿。"

"咱们的客人怎么样了?"

"和你第一次来的时候很像,她还拿不准是留还是走呢。"

我点了点头。我记得当时坐在咖啡馆里,尽管浑身上下每个细胞都在说"留下!",但我还是在努力说服自己离开,纠结得要命。

"她和你一样,"凯茜说,"也在质疑自己的直觉。"

我走到我放背包的架子前,取出笔记本。"有意思。我刚刚参观厨房、查看冰箱的时候,内心也有一个声音认定自己还是在外面坐着比较好。"我朝外面的卡座抬了抬下巴。

"然后呢?"

"我在旅行期间学到的最重要的一课,就是要相

信自己的直觉。当你去到一个以前没去过的地方，用
不懂的语言与当地人互动，或者探索新水域的时候，
你没有什么经验可以帮你做出决定。但是，每一次我
都相信自己的直觉，它往往是对的。我只需要让脑子
先静一静，然后就知道该怎么做了。"

凯茜点头同意："是啊，我们这种'内置导航系统'
实在是个好东西，可惜大多数人都把这个系统关闭了。"

她瞟了一眼我手里的笔记本。"里面记了什么？"

"主意、想法、灵感……让我感觉'原来如此'
的领悟。上次离开这里之后，我就给自己建了一个系
统。每当我有重大发现，也就是想喊'原来如此'的
时刻，我就把它记在本子上，然后立即执行。"我笑着
继续说，"要是我想到什么，没有及时记下来就糟了，
我会忘记的。"

"刚才你记了什么？"

"其实刚才我在画圈。"

"画圈？"

我点了点头："我已经学会了在旅行中相信自己的
直觉，很久之前我就开始做记录了。今天早晨，在替
迈克掌勺这件事上我犹豫了，没有相信自己的直觉。

所以，我要画一个圈。"

我打开笔记本，翻到我要找的那一页，然后画了一个大圈。

凯茜探头过来看。"你在'相信自己的直觉'上画了一个圈。"她大笑，"看来你不是第一次在上面画圈了。"

我也笑了："确实不是。"

"相信自己的直觉"上大约有二十个圈。

"为什么要这么做？"

"这是提醒自己的好办法。晚上或者其他时候，只要我有几分钟空余时间，我就会翻翻这个本子。我会特别留意画圈很多的那几项。如果我学到某种重要的道理，这个办法可以非常有效地强化我对它的记忆。后来，那些画圈很多的项目一个接一个成为我的习惯，我就不需要给它们频繁地画圈了。"

"那你今天学到了什么？"

我微笑道："记性最好的人也会时不时忘事儿？"

她大笑起来。

"其实，我觉得部分原因是我回到了这个地方，我现在还在为此感到惊讶。这里唤起了我对自己过去的记忆，对那天晚上的奇遇和我受到的启发，我心怀感激。但是，我已经不是曾经的我了。所以我刚才在调整自己，好适应这个全新的自己回到这里后产生的新状态，我这样说你能理解吗？"

凯茜望着窗外说："完全理解。很好，你还记得第一次来这里的感觉，因为有人需要听听。"

"谁？"

"我们的客人。她想走，因为害怕留下。"

我通过点餐窗口往用餐区望去。的确，那女人正收拾东西准备走。"看我的。"我说。

"你能行吗？"

我笑着用手指点了点笔记本中那一页："相信自己的直觉。"

09

"嗨！"

杰西卡已经收拾好东西准备起身，但她的钥匙掉到了桌下，她正费劲地伸手去够。

听到我打招呼，她抬起头。"哦，嗨！"她回答，语气显然有些慌张。

"我帮你捡吧。"我说着弯腰捡起了她的钥匙，"你是要走吗？"

我看得出来，她不知该如何回答。

"嗯，我……我只是……"

"想走就走，没关系的。"我微笑着与她对视，"不过我有个预感，你在这个时候注定会出现在这里。你是不是也有同感？"

她看着我，一脸疑惑。我能从她的目光中感受到不少恐惧，还有很多其他感情。也许是希望？但她很快把目光移开了。

我再次微笑着说："我叫约翰。"我愉快地介绍自己并伸出一只手，"是这儿的主厨。"

"我的直觉告诉我，如果你在这儿待上一会儿，让我给你做一顿我们的推荐早餐，只需一个小时左右，你就会对人生产生全新的看法。"

我说得轻巧，仿佛只是在邀请她吃一顿非常有趣又美味的早餐。我不想告诉她，她离开时可能真的会有茅塞顿开、恍如隔世的感觉，我怕吓到她。

她迟疑了。她还是想离开，我感觉到了。

我微微歪过身子，压低声音，用我最可爱、最富有魅力的方式问她："你可以帮我保守一个秘密吗？"

她忍不住笑了："当然可以。"

"今天是我第一天上班，你是我的第一位客人。如果你走了，他们可能会对我很失望。"我假装有些担忧，"我可能也会对自己很失望。"

她又笑了，我的话有效果。

"你一定不忍心这么做吧？我觉得自己厨艺不错，如果你留下来，我就能露一手了。"

她犹豫了一下，但很快就把随身物品都放回了桌上。

"谢谢，"我说，"您不会后悔的，我保证。"

她坐下后便习惯性地拿起手机。

"这里信号不好。"我提醒她，"要不聊聊天吧，相信我。"我朝着桌上的菜单扬了扬下巴，"你可以先花一分钟看看菜单，然后凯茜再过来帮你点餐，怎么样？"

她点了点头。

我转身向厨房走去。

"杰西卡。"她说。

"什么？"

她露出一个很美的、发自真心的微笑。这样的微笑可是装不出来的。她留下来并不是因为我讲的小故事，而是选择相信自己的直觉。现在，她从头到脚都觉得这是个正确的决定。

"我叫杰西卡。"她重复道。

"很高兴认识你，杰西卡。谢谢你留下来，你不会后悔的。"

10

"该你上了。"我穿过弹簧门走进厨房，说道。

凯茜大笑："某人刚才在外面真是铆足了劲儿施展魅力啊。"

"到现在为止一切顺利。但如果她没点法式吐司配菠萝或蓝莓煎饼，我的魅力就成了一句空话了。"

凯茜笑着走出厨房。

"想好了吗？"她走向杰西卡的餐桌。

杰西卡说："我再待一会儿。我刚刚和你们的主厨聊过。"

"聊得怎么样？"

杰西卡微笑着说："他挺风趣的。"

"他说了什么，让你决定留下来？"

"你应该能看出来，我刚才还在努力劝自己离开。我不知道留在这儿干什么，我今天还有好多事要做……但是跟他说完话，我就想起来，我曾经对自己发誓，但一直没能遵守自己的誓言。"

"什么誓言？"

"放轻松，享受生活。不知道怎么办的时候，相信自己的直觉。"

凯茜微笑道："那得让约翰帮你画个圈。"

"什么？"杰西卡一脸困惑。

"我过会儿再解释，要不直接让他来解释吧。"

凯茜指了指菜单："想好点什么了吗？"

* * * * *

几分钟后，凯茜来到点餐窗口前。她扯下记录着杰西卡订单的那张纸，把它固定在转盘上，隔着窗户对我说："顾客下单啦。"

她离开之后，我走到柜台前看了一眼订单："她会爱上这个地方。"一切都在我的预料之中。

我把点餐单搁在炉灶旁边的切菜桌上："一份法式吐司配菠萝，马上就好。"

11

杰西卡看着凯茜的背影，心想："我还是觉得这地方有些古怪。"

她再次拿起手机，马上记起这里没有信号。

于是她把手机重新放下，这时，她注意到菜单底部有几行小字。菜单封面的上半部分写着咖啡馆的名字，还有嘱咐客人有问题应询问服务人员之类的话。最下面有一个箭头，箭头旁边写着——请看背面。

她把菜单翻过去，看到背面有三个问题。

你为什么来这里？

你在自己的游乐场中玩耍吗？

你有MPO吗？

"好吧，这可不是一般的怪。"她一边想一边又读了一遍。

"我也不知道自己为什么来到这里。我长大之后再也没去过游乐场。另外这个MPO是什么东西？"

她把菜单翻到正面，又拿起手机。当然，她知道没有信号，可为什么还是不断拿起手机呢？

"要想改掉一个习惯，得花一段时间。"凯茜说，"需要我再给你倒点咖啡吗？"

"好啊。"杰西卡看着自己的手机说，"我觉得我对这东西上瘾了。到这儿以后，我都把它拿起来十几次了。我肯定经常这么干，连我自己都没意识到。"

杰西卡看了看周围："店里一直都这么空吗？"

凯茜摇了摇头："只有需要空下来的时候才这样。"

杰西卡没听懂。她又伸手去拿手机，但马上意识到自己在干什么。她怕尴尬，于是假装去拿菜单，把菜单翻到背面，只见那三个问题还在那里。

"看来你发现那几个问题啦？"凯茜说。

"几分钟前发现的。"杰西卡回应。

"有什么想法吗？"凯茜问。

杰西卡不知如何回答。

"嗯……挺有趣的……"

她希望谈话到此为止，因为她突然觉得有些别扭，好像自己根本不属于这个地方。她有一瞬间想找个借口溜走。

凯茜笑了："没关系，大多数人第一次看到这些问题都会不知所措。"

看到凯茜似乎特别冷静，杰西卡渐渐地不那么惊慌失措了。她同时感觉到不安和欣慰这两种完全相反的心情。

"这些问题是什么意思？"杰西卡问。

"嗯，我之前提到过，你去一家咖啡馆点了咖啡，得到的只有咖啡，但有时候却能得到更多。从不同的角度看待那些问题，就可能会得到更多东西。"

杰西卡看着眼前这个服务员，她若无其事地说出了一些非常令人费解的话。"难道每个人拿到的菜单都不一样吗？"她问。

"嗯。"凯茜微笑着回答，"菜单都一样，但上面的问题可不一样。"

就在这时，上菜铃响了，凯茜和杰西卡同时朝厨房看去。

"还挺快的。"凯茜说，"我去看看约翰给你做的早餐怎么样。"

她离开餐桌，往厨房走去。

杰西卡轻轻叹了口气。刚才的对话真是奇怪，感觉就像参演了一部戏剧，但不知道下一句台词是什么。她又低头去看那份菜单。

你为什么来这里？

你在自己的游乐场中玩耍吗？

你有MPO吗？

12

凯茜走到点餐窗口。窗台上放着一个托盘，托盘里有一个果盘，里面有新鲜的木瓜、青柠瓣、碎椰肉，上面还撒了一些薄荷叶。

"这份法式吐司不错呀。"她看着我说。

"开胃菜而已。这是主厨特别赠送的。"我回答。

"你怎么知道她喜欢吃木瓜？"

我微微一笑："凭直觉。冰箱里有十几种水果，我都考虑过要不要用，但我内心有个声音说，应该选木瓜。"

"好吧。"

凯茜端着托盘朝杰西卡走去。

"你的法式吐司来啦。"她说着把盘子放在杰西卡面前。

杰西卡看看木瓜，不知如何是好。

"开个玩笑。"凯茜微笑着补充道，"这是早餐前的开胃菜，主厨赠送的。"

杰西卡朝厨房看去。我见她往我这边看，便挥了挥手。她也向我挥挥手，但似乎还是感觉有些别扭。我大笑起来。第一次来这家咖啡馆时，我也感觉跟厨房里的人打招呼非常别扭。

"快告诉我好不好吃。"凯茜说，"我也饿了，要是你觉得好吃，我也让他给我做一份。"

杰西卡拿起青柠瓣，把汁液挤在木瓜上，然后用叉子叉起一小片木瓜和少许薄荷叶。她咀嚼了两下，顿时眼前一亮。"好吃，"她吞下一口之后说，"真好吃。"

她瞟了一眼盘子里的食物，说："这么一大碗水果，再加上我点的法式吐司，肯定吃不完。"她环顾四周。"我知道这么说有点唐突，但是，如果你没有其他顾客要招待的话，不如和我一起吃吧。"

凯茜笑了："你确定吗？"

杰西卡其实并不确定，但是她还是点了点头。

凯茜从身后的柜台上拿出盘子和叉子，麻利地坐在杰西卡对面的位置上。杰西卡注意到，柜台上原本就摆着一个盘子和一把叉子，好像凯茜早知道她会受到邀请一样。

"不可能。"杰西卡心想。

"什么？"凯茜笑着问她。

有那么短暂的一瞬间，杰西卡以为自己刚才把"不可能"三个字大声说了出来。但她立刻确定自己的确没有说出口，可是……

"哇，你说得对，真好吃。"凯茜说。

杰西卡的注意力重新回到刚吃了一口水果的凯茜身上。

"是吗？"她回应道。

二人又各自吃了一口，凯茜敲了敲菜单说："我刚才看到你似乎对这些问题很感兴趣。"

"毕竟一般的菜单上没有这些问题，"杰西卡回应，"我甚至不太明白这是什么意思。"

凯茜点点头。"是啊，一般人确实不太常问这些问题，"她又吃了一口水果，"更何况，这些都是大问题。"

杰西卡突然有种敞开心扉的冲动，想把自己的一切都坦诚地告诉面前的这位女服务员。她的悲伤、挫败感、仿佛像别人一样活着的感觉……不，那样太荒唐了，她都不了解这个女人。而且人们对别人的事总是漠不关心。她只要把那些话都憋在心里，继续生活就好了。

但她心里的感觉并没有那么容易消失，那是一种没来由的痛楚，转眼就传遍了她的全身。

"我为什么来这儿呢？"她轻声问。

凯茜的目光从水果上移开，专注地看着杰西卡的双眼。"这是个好问题，也是个不错的开始。"她柔声回答。

杰西卡左右看看："我在哪儿？这是什么地方？"

凯茜笑了："你在一个不同寻常的地方，身边充满不同寻常的机会。"

杰西卡困惑地看着她："这是什么意思？听着好神秘啊。"

"确实神秘。"

杰西卡又感觉到那股冲动，那种痛楚，那种灵魂深处的渴望。接着，不知为什么，她竟然哭了起来。她低头看着桌子，安静了几分钟才重新抬起头来。

"我迷路了。"眼泪沿着她的面颊滚落，但她的声音分外平静，"我真的迷路了。"

凯茜点了点头："我知道。"

杰西卡抬手抹去泪水，但新的泪水马上涌了出来："你说'知道'是什么意思？"

"这里就是迷路的人重新找到方向的地方。"

13

我望向窗外凯茜和杰西卡坐的桌子。杰西卡好像在哭，她有些惶惑不安。

"欢迎来到为什么咖啡馆。"我想。

看来杰西卡要离开了，因为她似乎承受不住自己现在的心情。

"再待一会儿，"我小声说，"待会儿就好了，相信我。"

我面前的食物滋滋作响，法式吐司该翻面了。

我再次把注意力放到灶台上，调整了一下煎锅中的吐司。我脑中开始闪现第一次来这家咖啡馆时的记忆。我也曾考虑过离开，但没有那么做。的确，这地方看起来有点古怪；的确，菜单上的问题让人困惑不解。但有些事似乎就该如此，于是我留了下来。这是个很好的选择，我的人生从此发生了改变。我很确定，如果杰西卡留下来，她一定会产生和我一样的想法。

我又瞟了一眼餐桌那边的情况，凯茜也正往我这边看。她点了点头，好像她知道我在想什么一样。我冲她微微一笑，然后转身继续专注灶火。"欢迎来到为什么咖啡馆。"我对自己说。

* * * * *

杰西卡正在用餐巾纸擦眼泪。她已经不哭了。

凯茜看着她："泪水是个强烈的信号，说明你很在乎某件事情。有时候，哭泣是你的心在告诉你，它意识到了某件事情。"

杰西卡点点头，她其实不懂凯茜在说什么，只是觉得她的话似乎有道理。

"我觉得你的心在告诉你，多留一会儿吧。"

"我也是这么想的。"她悄声说。

菜单依然躺在桌子上，三个问题那一面朝上。

凯茜用手指了指第一个问题，杰西卡低头看去。

你为什么来这里？

"你的心对你怎么说？"凯茜轻轻地问。

杰西卡抬起头："我的心感觉很空虚，这种空虚感让我觉得疲惫不堪。它在对我说，人生不该只是心中的一片空虚。"

"听上去是这么回事。"她顿了顿，然后接着说，"几秒钟前，你问过一个和这几乎一模一样的问题。你说——我为什么来这儿呢？你问这个问题是什么意思？"

杰西卡摇了摇头。"我也不知道怎么回事就脱口而出了。"她犹疑着说，"人生难道不应该有更多感受吗？难道不该感到快乐、有趣或兴奋？我不断尝试突破人生的许多方面，可现在却在一个前不着村后不着店的地方，坐在一家咖啡馆里哭，和一个完完全全的陌生人聊天。非要说的话，我现在最强烈的感觉是失落。"

她把目光挪开："我不快乐，不觉得有趣，好像也不觉得人生多让人兴奋。"

凯茜问："你喜欢大海吗？"

杰西卡的目光回到她脸上："曾经喜欢过。我来夏威夷的唯一理由就是，我想被大海包围……我想每一天都见到它。"

"结果呢？"

"结果我几乎忽视了大海的存在。"

"跟我来。"凯茜说完从桌前站起来，拿过柜台上的一个托盘，把盘子、银质餐具、玻璃杯和装水果的碗都放到上面。"走吧。"说着她指了指咖啡馆另一头的门。

14

眼前的风景美得让人窒息。杰西卡平时在一座租金非常昂贵的写字楼里上班，楼上可以俯瞰夏威夷一段主要的海岸线。那片景色相当美，但也远远比不上眼前这片风景，它堪称完美，是所有人都想把它做成明信片、每个探险者都梦想抵达的绝美风景。

她和凯茜刚才从咖啡馆尽头一扇普普通通的门走了出来。"每扇门都通往一个地方，"凯茜说，"你走进去，才会知道外面是什么。"

这扇门通向一个不一般的地方。

杰西卡一出门，就踏上了她此生见过的最美的海滩。海水现出一片壮观的蓝绿色，海浪叠成一重重浪峰，随后跌落；浪里的白色泡沫反射着斑斓的色彩。

金色的沙滩更是绝美，泛着一片微微的白光。

杰西卡弯腰捧起一把沙子，让它顺着指缝流下。这捧沙子如此纯净，沙砾微小，触感柔软。

她抬起头，眼前就是她想在夏威夷看到的风景：高大的椰子树在微风中摇摆，她能闻到海洋的气味。

"我们在哪儿？"她惊讶地问。

"天堂。"凯茜回答，"这是我们的专属观海区，就在为什么咖啡馆的后面。"

杰西卡转身去看咖啡馆，只见身后是咖啡馆的后墙、她们刚刚穿过的那扇门和脚下的一片沙滩。

她又转身看看大海，露出困惑的眼神："我不明白。"

凯茜指了指咖啡馆。

杰西卡再次转身去看。

这回她看到咖啡馆延伸出一条茅草屋顶的长廊，下面摆着竹条编的桌子和椅子。

“怎么会这样……”杰西卡惊讶极了。

“差点忘了，”凯茜笑着说，“我得告诉约翰我们出来了。”

她朝咖啡馆的后墙走去，拉了拉墙上一个门闩。杰西卡非常确定，刚才那里还什么都没有。墙体的上半截折了下来，变成一个点餐台，和屋里那个一模一样，只不过一个在室内，一个面朝壮观的大海。

“我错过了什么？”看到墙上突然出现一个点餐台，我也大吃一惊。

“现在什么都没错过。”凯茜微笑着回答。

我向沙滩和海洋望去：“哇！这景色真是太棒了。”

“我就知道你喜欢。咱们干脆安排杰西卡在这里用餐吧？我觉得室外的氛围会让她心情好些。”

“没问题。她点的餐马上就好。”我又望了一眼外面壮观的景色：海洋、棕榈、沙滩……站在这么远的地方，我只能看到两个人坐着冲浪板，在海浪中起起伏伏。

我只不过看了他们一眼，但我敢发誓，其中一个冲浪人向我挥了挥手。我抬起一只手，挡住阳光想仔细看看，但是这回只看到他们正在向一朵浪花发起冲刺。

"不会吧。"我想。

15

我把客人点的法式吐司配菠萝放上柜台，凯茜把它端到杰西卡的桌上。在沙滩上，没有一个座位看不到美丽的风景，但杰西卡偏偏选了一个角度不那么好的位置。

"你可以坐那边。"凯茜说着指了指风景最好的那两张桌子。

杰西卡朝那边看了一眼，迟疑了。"没事，就坐这儿吧。"她过了一会儿说道，"这儿挺好的。"

凯茜问："你确定？"

杰西卡又开始纠结了。"我确定，真的。这里挺好，我也挺好。"

凯茜点了点头，说："你可以比'挺好'更好。"

杰西卡再次露出迟疑的表情，她脑海里似乎正在上演一场内部辩论。

凯茜站在一旁耐心等待。几秒钟之后，她说："要不去那张桌子坐下来试试，体验一两分钟，看你感觉怎么样。要是不喜欢，你随时可以坐回来。"

杰西卡正需要这样的鼓励。她站起身，只不过走了几步，就来到欣赏海滩风景的最佳位置。凯茜也端着餐点跟了过去。

杰西卡坐下来。

"怎么样？"凯茜问。

杰西卡笑了。这是凯茜从她进门之后第一次看到她真心露出如此放松的微笑。

"这里确实更好。"她说，"谢谢。"

凯茜把托盘放在桌子上。与此同时，杰西卡开口说："我不知道自己为什么会这样。"

"会怎么样？"

"满足于'挺好'的状态。我明明看到这张桌子，也想坐过来。可我……"杰西卡欲言又止。

"有些事情没那么重要。"凯茜插话道，"我们会觉得自己拥有的一切其实挺好。但有时我们会陷入一种定式思维，甘愿接受比我们真正想要的东西稍差一些的选择。来我们咖啡馆吃饭的人都会明白，如果一个人不断做出这样的妥协，最后一定不会太开心。"

"他只会停留在'挺好'的状态。"杰西卡补充道。

"没错。"凯茜说。

凯茜把托盘里的餐点一样样摆上桌。"你点的餐来了，"她说，"法式吐司配菠萝，我们的推荐菜。如果你想试一下别的吃法，我们可以提供自制的椰奶糖浆。"

杰西卡点点头。

"这是一杯鲜榨菠萝汁。"

盛着果汁的玻璃杯上点缀了一把纸和木签做的小伞。杰西卡微笑着把小伞拿下来。伞下面插着一块菠萝。杰西卡吃掉菠萝，然后拿着小伞，开合了几次。

"我小时候特别喜欢这种小装饰。"她一边回忆一边说，"我妈妈有五把这样的小伞，每天吃早餐的时候，她都会放上一把搭配我的果汁。"杰西卡叹了口气："那些小伞她肯定洗过几百次了，但不知为什么就是没洗坏。

"我都不知道那些小伞是她从哪儿弄来的。当时我们住的那个区特别穷……我的几个哥哥对这些根本不感兴趣，只有我特别喜欢这些小伞。就是这么小的一样东西，但不知为什么……"她顿了顿，"不知为什么，它就是我每天的期待。"

她再次打开又合上那把小伞，然后把它放在离她稍远的桌上。"那是很久之前的事了。"她说话的声音中流露出一丝感伤。她的笑容也不见了。

凯茜点了点头："每天都有期待是件好事。我理解为什么它对你来说这么重要。"

凯茜把托盘放到旁边的另一张桌子上，坐在杰西卡对面："我能问你一个问题吗？"

杰西卡抬起头："当然了。"

"你喜欢帮助别人吗？"

"什么意思？"

"你喜欢帮助别人吗？比如说为别人做点事情？帮助他们？"

杰西卡点了点头说："喜欢。"

"比起别人帮你，你是不是更容易接受自己去帮·····················助别人呢？"
·····

杰西卡歪了歪头，笑着说："是的。"

凯茜沉默了片刻，继续问道："你为什么这么自私呢？"

杰西卡的姿势立刻变了。她靠在椅背上,和凯茜拉开了距离。

"你这话是什么意思?我哪里自私了?"她的音调提高了。

凯茜看着她,依然带着淡淡的微笑,说:"那你为什么喜欢帮助别人?"

杰西卡犹豫了。她用有点尖厉的声音说:"因为他们喜欢得到帮助?因为这样做……这样做能帮助他们!"

"我知道。"

杰西卡先是看向别处,接着又把目光投回凯茜身上。她的声音这回温柔了一些:"因为这样做让我自己感觉很好。"

凯茜好奇地望着她。

"我自己感觉很好,"杰西卡重复了一遍,"我帮助别人的时候自己感觉很好。所以我才这样做。"

凯茜说:"大多数人帮助别人,都是出于这个理由。"

两人陷入一阵沉默。

杰西卡望着大海,脸上的表情稍稍缓和下来。

"我确实自私,是不是?我一直不肯让别人帮助我,不想让别人产生这种良好的感觉。"

她扭头看着凯茜："我一直是这样。我一点都不想要其他人的帮助，从来不给别人添麻烦……要是有人想帮助我，我总是选择逃避。"她低下头，"我从来没意识到，自己这样做对别人有什么影响。"

凯茜表示理解地点了点头："一般来说，越经常帮助别人的人，越难接受别人的帮助。只有像你刚才这样想明白这一点，情况才会改变。"

杰西卡望着凯茜，说："你为什么要和我分享这些？"

凯茜说："我有预感，咱们刚才聊的这些，你今天就用得上。"

16

温暖的微风从窗口吹进厨房。我深吸了一口大海的气息，望向外面的重重海浪。"哇，我爱夏威夷。"我想。

凯茜和杰西卡正坐在桌旁聊天。没有别的客人来咖啡馆。于是，我站在厨房里，开始吃法式吐司。

过了一会儿，我再次眺望大海。"那两个冲浪人不见了。"我自言自语。我扫视着海浪，但没有见到他们的身影。这会儿的海浪非常完美，我在想要不要租一个冲浪板去玩玩。

"你可以借我的。"一个声音说。

我认出了那个声音，但还是向窗外望去。

"迈克！"我笑着招呼他。我都快忘了，这家伙能读懂我的心思。见到他真是太开心了，上次见面还是我第一次来这家咖啡馆的时候呢。

他旁边站着一个小女孩。"你是约翰吗？"她问。

我隔着柜台探身向她看去。"是啊，我就是约翰。"我微笑着回答，"你怎么知道的？"

"我爸爸说你今天会来。"

"我自己都不知道我今天会来。"我想，"他怎么会……？"

"我叫艾玛。"小女孩说。

我的注意力重新回到小女孩身上："很高兴见到你，艾玛。"

她抓着迈克的胳膊问："我能去跟凯茜打个招呼

吗？"

迈克点了点头，她就朝着凯茜和杰西卡坐的地方跑去了。他目送她跑过去，然后转身微笑着问候我："很高兴再次见到你，约翰。"说完，他隔着柜台向我伸出一只手来。

我握了握他的手。"我也很高兴回到这里。"说着我朝大海扬了扬下巴，"你们搬家了。"

"差不多是这么回事吧。"他说，"上次有个客人建议我们开分店。我们受他的启发，所以就……"

和凯茜一样，他也提到了我第一次来这家咖啡馆时说的话。

我大笑起来："也不知道是哪个客人。"

"一个好人。"迈克回答，"一个非常好的人。他当时正要开始一场大冒险。"

凯茜和杰西卡那边爆发出一阵大笑。我和迈克都向那儿望去，看到艾玛正在表演，她好像在模仿一种海洋动物，一边努力把眼睛瞪得溜圆，一边手舞足蹈地兜圈子。

"看来自从上次分别，经历过大冒险的可不止我一个啊。"我说。

迈克转身看着我说："照顾她是我做过的最棒的事情。不开玩笑地说，这事不适合所有人，但对我来说特别棒。"

"她多大了？"

"刚满七岁。"

"一个七岁的孩子居然这么自信。不过，一想到是谁养大她，我就一点都不觉得奇怪了。"

"她是个特别棒的小女孩。真的。"

"刚才我看到两个在冲浪的人，是你们俩吗？"

"是我们。我们冲了一早上的浪，饿坏了，就盼着吃一顿丰盛的早餐了。今天菜单上有什么？"

我笑了："上次我来的时候，你是这里的主厨。现在不是了吗？"

他也回了我一个微笑："只要你不介意，今天做什么你说了算。主厨也该换换人了。"

我真不知道该怎么接这句话。我对烹饪的了解并不多，这一点毋庸置疑。不过，我感觉还不错，眼下的一切感觉都还不错。

"好啊。"我说，"但是我需要你的时候，你得来指导我一下。"

"没问题。"

我从身后的台子上拿了几本菜单。"反正你知道上面写了什么，你要是想再看一眼也行。有什么需要就告诉我。"

他接过菜单，把它们翻到背面。"这些呢？"他指着三个问题问。

"改变人生的谈话的开始。"我笑着回答。

17

凯茜和杰西卡看着艾玛向迈克跑回去。艾玛已经把早晨的见闻跟她们讲了一遍：他们冲浪时看到一只斑鳐跃出海面，随着海浪下落时还与一只海豚擦肩而过。

"她可真开朗。"杰西卡说。

"嗯，是啊。"凯茜微笑着回答。

"她一直这样吗？"

"差不多吧，迈克是个好爸爸，他肯放手让女儿在她的游乐场里玩耍。"

"她爸爸叫迈克？"

"对，他就在那边。"凯茜指了指迈克所在的位置。

"他们经常在这儿吃早饭吗？"

凯茜大笑："岂止经常啊，这家咖啡馆就是他开的。"

"啊。"

杰西卡看了他们一会儿，然后转身对凯茜摇了摇头，说："抱歉。我刚才听到你的回答，但我走神了。我问艾玛是不是一直这么开朗的时候，你说什么来着？"

凯茜说："我说迈克是个好爸爸，他肯放手让女儿在她的游乐场里玩耍。"说完凯茜扫了一眼桌上的菜单。

杰西卡顺着她的目光望去。菜单背面朝上，上面写着她之前看过的那三个问题。

你为什么来这里？

你在你的游乐场中玩耍吗？

你有MPO吗？

杰西卡抬头看了看凯茜。"好吧，"她说，"你激起了我的好奇心。'游乐场'是什么意思？"

"你小时候喜欢玩吗？"凯茜问她。

"嗯，那是很久以前的事了。我想想……"

凯茜前倾身子，看着杰西卡。让杰西卡停下了话头。"你记得吗，"凯茜说，"我们之前说，比起接受帮助，人们更容易选择帮助别人。这种人有一个特点，他们不愿多谈自己的事情。"

凯茜停顿了片刻，给杰西卡时间充分理解她的话。"我问这个是因为我真心想知道。"

"明白了。"

凯茜微笑着说："你小时候喜欢玩吗？"

杰西卡摇了摇头："不常玩儿，我的童年过得可不轻松。"

凯茜等她继续说下去，可她没有进一步解释。"你还记得你小时候做过什么事情吗？"

杰西卡望向别处，她似乎正在筛选旧日的回忆。"我小时候荡过秋千。"她终于开口了，转过头再次看着凯茜，"我家那条街的尽头有个公园。家里气氛不太好时，我就跑到公园里荡秋千，有时候一荡就是几个小时。家里人要是发现我不见了，总会在那儿找到我。"

凯茜问："为什么会这样？"

"我不知道，我可能把那里当成了我的避难所。公园里有两个挂在大树上的秋千。当时几乎没什么人去玩，所以几乎每次都是我一个人独占两个秋千。那棵树特别大，我整个人都被笼罩在树荫里，我用力荡到最高，感觉自己飘到半空中。你知道荡到最高处那一刻是什么感觉吧？"

　　杰西卡停顿了片刻，然后继续说："我过去特别希望我能永远停在那一刻，永远飘浮在空中。我想假装自己是一朵小小的云，还没完全成形。要是我能自由地飘上几秒钟，甚至更长时间，我就能遁入天空，把地上的一切都永远抛在身后。"

　　杰西卡的眼角逐渐涌出一滴眼泪。她迅速把泪珠抹去。"可我不能。不管我多么努力，荡得多么高，我总是会从天上落下来，总会回到地面上。"

　　"但你后来就不去荡了。"

　　"对。我十七岁的时候离开了家，再没回过那个公园。"

　　"从那时起，你就开始尝试突破自我？"

　　杰西卡望着大海说："对，从那时起。"

18

"嗨，小椰子。"

迈克抱起艾玛，把她放在取餐窗口和柜台旁的一个高脚凳上。

"'小椰子'是我爸爸给我起的小名儿。"艾玛跟我解释道，"他说我小时候跟椰子一样大。"

我笑了。

"你和凯茜打过招呼了吗？"迈克问她。

"当然啦。我还跟她的朋友杰西卡打招呼了呢，我跟她们讲了咱们今天早上看见鳐和海豚的事。"

"哦，很好。约翰是咱们今天的嘉宾主厨。你想吃点早餐吗？"

"好啊。"

"想吃什么？"

我希望她说法式吐司配菠萝。

"嗯，煎蛋卷、薄煎饼和水果怎么样？"

迈克说："听起来不错，要不你来告诉主厨吧？"

艾玛坐在她的高脚凳上，转过来看着我说："我可以帮你一起做饭吗？"

我看着迈克。

"我没问题，"他说，"你同意就行。"

我转向艾玛："好主意。那你进来和我一起做饭吧。"

艾玛跳下高脚凳，朝厨房门走去。

"迈克，你要吃什么呢？"我问。

他微笑着说："要不就吃法式吐司配菠萝吧。你和艾玛先做饭，我去洗洗冲浪板啦。"

"没问题，饭做好了我们再叫你。"

我转身回到厨房，开始准备食材。片刻之后，门开了，艾玛走了进来。我立刻注意到她走路的样子。她脚步轻盈，活力十足，这在成年人身上可不常见。那样子就像她在同时走路、跳舞和跳跃，仿佛她等不及要做下一件事似的。

"我们从哪儿开始？"我问。

"我来准备食材。"她回答，"我不喜欢切菜，你能切吗？"

"没问题。那我负责掌刀，你负责掌勺？"

"好的。"

我们把所有需要的食材都放在台面上，开始为煎蛋卷、薄煎饼和迈克的法式吐司做准备。

"我爸爸说你在冒险，是真的吗？"艾玛问。

我点了点头："算是吧。"

"什么样的冒险啊？"

"是这样，上次我见你爸爸的时候，正处在迷茫期，不知道该怎么继续我的人生。"

"当时你伤心吗？"

"不，不伤心。我更多的感觉是，人生在一天天过去，我却没能如愿做什么快乐有趣的事。"

"所以你就开始了一场冒险？"

"嗯，我先是仔细思考了一下，我到底想进行什么样的冒险。等我想清楚，我就花好几年的时间攒了一些钱，然后上路了。"

"你都去了哪儿？"

"世界各地。"

艾玛吃惊地看着我，说："你见过了整个世界？"

我笑了："我确实环游世界了，但并不是去了所有地方，也不是一趟就逛完了所有地方。虽说我确实去过不少地方。"

"你出过好几趟远门吗？"

我觉得她真是个活力十足的孩子，回答说："是的。其实我现在刚刚结束一趟旅行，正在回家的路上。我去过非洲、中美洲和东南亚。"

"你工作吗？"

我哈哈大笑："有时候工作。第一次旅行之后，我发现我特别喜欢旅行，决定以后要多出门。于是从那之后，我工作一年，旅行一年；再工作一年，再旅行一年。"

"你一定很会攒钱。我爸爸每个星期都给我一笔零花钱。有时候我会攒钱，用来买我特别想要的东西，其他时候我会把钱立即花光。"

"我觉得你已经学会了人生中重要的一课。"

"哪一课？"

"知道自己想要什么，然后为它攒钱。"

"这倒是真的。有一次我非常非常想要一个冲浪板。我爸爸跟我说好了，如果我能攒下一半的钱，他就给我出另一半。"

"后来你买到了吗？"

她激动地一个劲儿点头："买到了，就是我刚才拿的那个蓝色冲浪板。"

"攒钱难吗？"

"有时候觉得难。因为我还有其他想买的东西，比如说我特别喜欢的塑料小马，还有其他玩具……但是我一拿它们和冲浪板比较，就会发现我还是更想要冲浪板。还有一天，我朋友的妹妹把她的冲浪板借给了我，和我想要的那个是同款……后来攒钱就变得更容易了。因为，我一试过那款冲浪板，就知道自己想要的是什么了。"

我笑了。她说话的时候特别带劲儿，而且非常真诚，毫不遮掩。"我攒钱去旅行也差不多是这种情况。"我说，"第一次尝试的时候，我去了哥斯达黎加……"

"我爸爸超爱哥斯达黎加！"艾玛忍不住插嘴。

"我记得他说过。哥斯达黎加是我头一次出国去的几个地方之一。我在那儿度过了一段难忘的时间，回家之后，为下一次旅行攒钱就变得更容易了。"

"和我为冲浪板攒钱很像。"

我点了点头："嗯，非常像。"

我把切好的食材倒进一个盆，然后把它递给艾玛："现在你是掌勺专家。准备好了吗？"

"准备好了！"她抓起一把勺子，插进盆里飞快搅动，里面的东西被搅飞了出来。

我大笑："食材不是应该都待在盆里面吗？"

她也大笑，手里的动作慢了下来。她举起勺子大声宣布："准备做饭啦！"

19

凯茜注视了杰西卡一会儿。"谢谢你告诉我荡秋千的事儿。"她停了一下，"也许是时候重新回到你的游乐场了。"

杰西卡摇了摇头说："不，我不会回去的。永远也不回去。这事到此为止了。"

凯茜说："我的意思不是说回到那个地方，也不是说和那些人重聚。但是，是时候重回你自己的游乐场了。"

杰西卡望着凯茜："什么意思？"

"刚才你说艾玛很开朗，看起来活力四射。其实我们每个人身上都有那种活力。只不过有时候它被我们遗忘了，我们关闭了我们自己的游乐场。"

凯茜看出杰西卡有些困惑。

"不如这样想，"凯茜开始解释，"孩子们清楚自己喜欢什么，不喜欢什么。也许他们喜欢滑梯，但是不喜欢攀爬区；也许他们喜欢荡秋千，但是不喜欢爬梯子……他们心里有数。在孩子的世界里，道理非常简单，喜欢就玩，不喜欢就不玩。"

"但愿他们明白自己是不是真心喜欢，明白一切都会变。"杰西卡说。

"这些确实也要考虑到。"凯茜继续说，"也许，他们其实知道自己真心喜欢什么，变了的只不过是我们这些人。"

杰西卡抬起头。她突然感到被说中了心思，垂在身体两侧的双臂抖了一下。

"怎么了？"凯茜问。

"哦，没什么。抱歉。只是……"

"只是什么？"

"好吧。你刚才说的那句话，'他们其实知道自己真心喜欢什么，变了的只不过是我们这些人'……我突然打了个寒战。没什么……真的。"

"也许正相反，这句话不是没什么，而是对你很重要。"凯茜轻声说，"也许是你在和你自己说：'嘿，我们刚才意识到一件非常重要的事。'"

杰西卡没有回答。

"我们小时候知道自己喜欢什么，"凯茜继续说，"我们知道游乐场的哪个项目让自己感到兴奋。那时候，我们每天都会尽量把大部分时间花在感兴趣的项目上。"

"然后会怎么样？"

"每个孩子的情况都不一样。有的孩子始终敞开他的游乐场的大门。他们长大后可能会换掉游乐场里的云霄飞车，但永远不会改变主意，一定会把这辈子都花在自己想玩的项目上。"

"其他孩子呢？"

"绝大多数人都会变成'其他人'。"

"他们会怎么样？"

"还是那句话，每个人的情况都不一样。有些情况下，有人告诫他们'不许再玩了'或者'你该长大了'。久而久之，他们的世界充斥着'不得不''必须''不能''不应该'和'一定'，被一大堆类似的词儿束缚着。有的人甚至会主动用这些词约束自己。"

"他们的游乐场怎么样了呢？"

"日子一天天过去，游乐场逐渐荒废，野草丛生。云霄飞车逐渐消失了。有些人甚至在自己的游乐场周围建起高墙。"

"高墙？"

"是啊。比如我年纪大了，我不够优秀，我脑子不好使，我时间不够用……这些都是把游乐场隔离起来的高墙。像这样的高墙还有几十堵呢。

"随着时间流逝，连高墙都无人照看了。野草高过墙头，藤蔓爬遍墙面，将高墙遮得严严实实。人们甚至都忘记那里有高墙，更不用说墙后面的游乐场了。"

凯茜看看杰西卡，补充道："而且，人们有时候会给游乐场上一把锁。"

杰西卡不自在地把目光移向了别处。

"有的人想尽快逃离过去。他们一旦记起曾经拥有的游乐场和梦想，就会感到万分痛苦。因此，他们不仅在游乐场四周砌起高墙，还会来到游乐场的大门前，在上面加一把大锁。'再见了，'他们说，'我再也不会相信，再也不允许自己进去玩儿了。'"

"这些人后来怎么样了？"杰西卡轻声问，她拼命忍着不哭。

"有的人胸中的苦闷越积越多。他们愤怒、失望，想去相信但又不允许自己相信，这种挣扎会逐渐吞噬他们的内心。他们每天忍受的煎熬慢慢变为毒药。他们将世界拒之门外，因为他们不想受伤，最后却开始伤害自己。"

杰西卡开始啜泣。她的肩膀一起一伏。

"我不知道该怎么办。"她说。

顿时，所有的伪装都烟消云散了。衣服、妆容、轿车……这些掩饰内心伤痛的身外之物都不再重要。

"很久以前，我给自己的游乐场上了把锁。我发誓我绝不要再次受伤。可是，我厌倦了砌墙，厌倦了一直逃避，我只想……"她迟疑着没有往下说。

"自由？"凯茜轻声问。

杰西卡点了点头。"自由。"她轻声说，"可我不知道该怎么获得自由。"

凯茜说："大多数人想追寻短暂的自由，用来掩饰他们的伤痛。他们喝酒，或者用物质来麻醉自己。他们买自己根本不在乎的东西，让自己的生活变得更刺激……他们做这些事情，是为了让自己感觉更自由。可到了最后，这些事只给他们带来更多痛苦。"

"我知道。"杰西卡轻声回答，"我一直过着这样的生活。现在就是这样。"

"但是你可以选择另一条小路。"

"什么小路？"

"有些人厌倦了那些屹立不倒的高墙，厌倦了看不到游乐场的光景，也厌倦了短暂的自由、越来越厚的墙和越来越多的疲惫。"

"于是有一天，他们决定放手一搏，重建他们的游乐场。"

"可以这样吗？"

凯茜说："可以，什么时候都可以。不管年纪多大，生活境况如何，都可以重新开始。"

杰西卡静静地坐了一会儿，问凯茜："我该怎么重建游乐场？"

"你可以慢慢地，一点一点来。可以像个大型推土机一样，将挡路的东西都推到两边……每个人都不一样。选择权在你手中。唯一的共同点是，你们总有一天会把游乐场的锁拆掉。这是重回游乐场的第一步。

"然后，你可以清理掉墙上的藤蔓，看到那些墙的真面目。它们不是保护你的安全屏障，而是你自己建立的虚假现实。它们一旦建成，就成了囚禁你的监狱。当你看清墙的本质，它们就消失了。"

"这很难想象。"杰西卡说。

"我知道。"凯茜回应，"确实是这样。可一旦那些墙消失了，你和游乐场就能重新连接起来，就能鼓起勇气，铲除游乐园里的杂草。"

"你重新回忆起你曾经喜欢的那些事物。你依然不会对游乐场里的所有项目都感兴趣，或者你感兴趣，但方式不一样了。然后你将开始重建，选择新的地方，建一座新的游乐场。"

"开始新的人生。"杰西卡说。

凯茜点了点头。

"你怎么敢肯定这一切都还来得及？"杰西卡问。

凯茜从桌前站起来，把几个盘子摞在一起。她看着杰西卡："因为我亲身经历过这些阶段。曾经有一天，我厌倦了躲藏、逃避、伪装……就在那一天，我斩断了自己游乐场门上的大锁，开始了重建。"

20

我瞟了一眼窗外。凯茜刚从餐桌边站起来。我注意到她们的聊天气氛有些紧张。

"欢迎来到为什么咖啡馆。"我再次在心中默默念道。

"薄煎饼该翻面了。"艾玛说。

"哦，对，我来翻。"

我抓起一把小铲子，把薄煎饼翻过去。"快好了。这面再煎一分钟，你和你爸爸就可以吃啦。"

"我的煎蛋卷呢？"

老实说，我一直盼着艾玛能忘了煎蛋卷。我看着她答道："艾玛，对不起，我不会做煎蛋卷。"

"可是我们已经把做煎蛋卷的食材都切好了啊。"

我点了点头："是啊，我知道。准备工作我都会做，但实际煎蛋卷的那部分我就不会了。"

"没关系。"

看到她没有失望，我松了口气，觉得有些欣慰。

"你只是需要一个'能人'。"她说。

"一个什么？"

"不是一个什么，是一个人！"她咯咯地笑出声来。

艾玛接着说："当你遇到不知道怎么做的事时，你只需要找到一个能做的人就行了。你可以向他寻求帮助，他演示给你看该怎么做，这样你也学会了。超级简单。几乎所有的事情我都是这样学会的。"

我笑了。大多数人都会遇到的困难，居然被一个七岁的小孩化解为只消几秒钟就能解释清楚的事。

"这是哪个'能人'教给你的啊？"我问。

"我爸爸。"

"他是个厉害的'能人'吗？"

她坚定地点了点头："嗯。他知道很多东西。我就是跟他学的冲浪。"

"真的啊？那关于冲浪，你学到的最重要的东西是什么？"

她单手叉腰，说道："你如果不下水，永远别想学会冲浪。"

我大笑："对，这道理百分之百没错。"

就在这时，迈克走进来问："早餐怎么样了？"

"爸爸，约翰需要'能人'。你能教给他怎么做煎蛋卷吗？"

我微笑着说:"艾玛刚才在教我,不知道怎么做的时候,要找一个'能人'。"

"哦,她最擅长这个了。"

迈克抓起一个平底煎锅,说:"看好了,这个很简单……"

迈克正教到关键步骤时,凯茜走了进来。

她拍了拍迈克的肩膀,说:"闻着真香。"

"我们做了薄煎饼和法式吐司,爸爸正在教约翰怎么做煎蛋卷。"艾玛说。

凯茜把手中的一摞盘子放进水槽。

"杰西卡怎么样?"我问。

"要是你跟她聊上几分钟,肯定可以帮到她。"凯茜回答。

我扭头看看她:"真的?你俩刚才的讨论似乎有点激烈啊。"

"是的。所以我觉得现在她应该跟你聊,听听你的故事。"

"去吧。"迈克说,"我来收尾。反正也差不多做完了。"

"好吧。"我有点犹豫。我不太确定该不该做这件事。之前我凭直觉出去跟她说了两句话，但那时候并没有灵机一动得出什么深刻的见解。

"去了你自然会想出来。"凯茜说着扔给我一条毛巾。

我擦了擦手，又把毛巾扔还给她。

"艾玛，我们过会儿接着聊冲浪，好不好？"我问，"我特别想听你学冲浪的其他事情。"

她抬头看看我，把盛着糖浆的小碗举到薄煎饼上方。"糖浆火山！"她边说边往煎饼上倒。

我笑了："我就当你这是同意了吧。"

艾玛咧嘴笑着说："好。"

21

我走到杰西卡身边。她正望着大海出神。

"早餐好吃吗？"

她赶紧擦了擦脸上的泪。

我点了点头："这个咖啡馆和你想象的不一样，对吗？"

她抬起头，一边微笑着看我一边擦泪。"确实不一样。"

"你还好吗？"

她再次眺望大海，说："应该还好吧。"

"我可以坐下吗？"

"请坐吧。"她一边说一边指了指她对面的座位。

我轻轻落了座。

"这到底是个什么地方？"她过了一会儿问道，回头看了一眼咖啡馆。

"这是个不同寻常的小地方，可能会永远改变你的人生。"

"哦，这么一说我就明白了。"她露出浅浅的微笑。

我们安安静静地坐了几分钟。

"你是谁？"她问。

"什么意思？"

"你是谁？凯茜说这家咖啡馆是迈克开的。艾玛说，一般都是他来当主厨。那你是谁呢？你真的在这儿工作吗？"

我笑了："是的……我今天在这儿工作。"

她困惑地看了我一眼。

"关于我的事情，你想听精简版还是完整版？"我问。

"要不你先说着，"她回答，"我想知道什么细节再问你，怎么样？"

"可以啊。"

我思考了片刻，想了想从哪儿开始、从多久之前说起。

"大约十年前，我来到这个地方。"我开口说道，"我是说这家咖啡馆。"我没告诉她十几年前这家咖啡馆出现在完全不同的地理位置，十几年后又原封不动地搬到了夏威夷。店里的一切都没有一丝岁月的痕迹。这已经够令人困惑，我没有必要让它变得更难理解。

"那时候，我正在努力弄清楚，自己应该怎么生活。"

"什么意思？你当时不开心吗？"

"准确地说不是不开心，而是完全开心不起来。我感觉自己被'挺好'的状态困住了。工作挺好，业余生活挺好，人际关系挺好。可我心中有一个声音告诉我，人生不该只是'挺好'。

"接着发生了一系列事情，引发了我的思考。"

杰西卡问："发生了什么事？"

"一天晚上，我坐在公寓里，接到家里给我打的一个电话。他们告诉我，我八十二岁的祖父刚刚去世了。"

"节哀顺变。"

"谢谢。那已经是很久之前的事了。其实，我和祖父并不亲近。我们家离祖父母家很远，所以我并不了解他。因为某些原因，他的去世让我极为震惊。挂断电话后，我审视了一番自己的人生。我想，'如果我继续活着，继续这样活着……'"

"等我活到八十二岁，我会开心吗？"杰西卡接了一句。

我点了点头，说："对。答案是否定的。我不会开心。我只能感觉'挺好'。不知为什么，我立刻就明白答案是否定的。我想起了大概五年前发生的一件事。

"那时我刚从大学毕业，正努力进入职场的'现实世界'。我接到一个通知我面试的电话，那家公司在我家附近一座大城市的市中心。

"于是我好好准备了一番——西装、领带、直挺挺的衬衣和不舒服的皮鞋，通通穿戴上。然后，我带上新买的电脑包，搭上了前往那座城市的火车。之前我从来没坐过这趟火车，下车后不小心走错了路，但阴差阳错地发现那条路就是正确的路。"

"什么意思？"杰西卡问。

"下了火车，我拐错了方向，站在出口附近的汹涌人潮中，看到他们纷纷赶着去上班——有老人、中年人，还有一些人只比我大几岁。看着这些来来往往的男女，我注意到一件事。"

"什么事？"

"他们没有一个人脸上有笑容。一个都没有。"

"那天，见到那么多不开心的人，我就发誓我不要变成那样。我要过不一样的人生。"

"然后你说到做到了？"

我摇了摇头，答道："并没有。我接到通知我祖父死讯的那通电话后，意识到了这一点。我曾经想过不一样的人生，我发过誓。可实际上，五年过去了，我的人生并没有和那些人有什么不同。"

"那后来你怎么做的？"

"我决定踏上旅途，暂时逃开这一切。结果，出发的第一晚，我经历了一系列突发事件，最后完全迷路了。就在走投无路的时候，我遇见了一家小小的咖啡馆，里面的餐点可口，人也十分亲切，菜单上还有非同寻常的问题。"

"你遇见的是这家店？"杰西卡问。

"嗯。"

"然后呢？"

"然后我和咖啡馆里的人聊了一整晚，包括迈克、凯茜，还有一位女顾客……我听了他们的故事，也分享了我自己的故事和当时的经历。"

"和陌生人聊这些，会不会感觉有些奇怪？"

我耸了耸肩："说来奇怪，也不奇怪，也许……我当时正好不满于'挺好'的状态。大概就是因为这个原因，我才开始接纳以前不能接受的事情。"

我继续说："现在我常常和陌生人聊天。一旦你习惯了，你就会发现这样做一点都不奇怪。"

杰西卡问："后来发生了什么？"

"在咖啡馆度过的那一晚改变了我的人生。我领悟到了以前没意识到的事情，看世界的方式也和以前不同了。我窥见了一种不只是'挺好'的人生。因此，我决定要过那样的人生。"

"你过上了吗？"

我点了点头："是的。"

22

迈克咬了一口他的法式吐司，朝露台点了点头，说："约翰和杰西卡似乎聊得不错。"

艾玛喝了一口果汁。"约翰好有趣，他是个好人。"

凯茜抚摸着艾玛的头发，说："艾玛也是个好人。"

"她刚才为什么哭？"

"因为她忘记怎么玩了。"凯茜回答。

"也许你可以帮她想起来。"迈克对艾玛说，"你最擅长玩耍了。"

"好呀。她喜欢玩什么？"

"我也不知道，"凯茜说，"她自己好像也不知道。不过，她说她以前喜欢荡秋千。"

"咱们可以带她去潟湖旁边的秋千玩。那个秋千特别棒，你可以把秋千绳来回拧，这样秋千就能转得特别快。"

迈克微笑着说："这主意听起来不错。我觉得她会喜欢的。"

"我们可以现在就去吗？"

"先吃完早餐吧，然后你和凯茜可以带她去，我留在这儿帮约翰整理厨房。"

"好。"

艾玛又吃了几口薄煎饼，说："爸爸，我有个问题。"

"什么问题？"

"为什么有人会忘记怎么玩儿呢？"

迈克又笑了。小孩子的思路总是让他感到惊奇。他们会问问题，会仔细倾听，还会思考。小孩子要是有什么事情不明白，会一直提问，直到彻底弄清楚。

"我想，杰西卡之所以会这样，是因为她成长时期的家庭生活不太顺利，"凯茜说，"她身边没有像你爸爸这样的人教会她玩耍的快乐。"

艾玛想了一会儿说："那该多难过呀。"

"确实如此。"凯茜说。

"你觉得她能回想起来怎么玩儿吗？"艾玛问。

凯茜微笑道："我觉得能。这有点像你有个玩具掉在了床底下，于是你就很久没有玩它。后来，你都忘记你还有这么一个玩具了。但当你把它找回来，又开始玩的时候，所有记忆就都回来了。你会记起自己有多喜欢那个玩具。"

"有一次我的毛绒海豚就是这样。"艾玛兴奋地说，"它叫小海。我把它弄丢了，到处都找不到。我好伤心，之后就把它给忘了。后来有一天，我们粉刷房间，把屋子里的东西都搬了出去，这才发现小海一直在我的梳妆台后面！后来我就又经常和它一起玩了。"

"就像你说的一样。要是你带杰西卡去荡秋千，她就能回想起玩耍有多快乐。"

"小海就是这么找回来的！"艾玛兴高采烈地说。

23

我和杰西卡继续聊天。她拿起杯子喝了一口果汁。"感觉怎么样？"

"什么感觉怎么样？"

"选择不一样的人生。"

我回答说："我强烈推荐你也这么做。尤其是在你的人生一切都'挺好'，但你还有所不满的时候。"

杰西卡露出一个微笑作为回答。

"你觉得你为什么会回到这里？"她说，"为什么是现在？你已经把一切都想清楚了，不是吗？你的人生已经不只是'挺好'了。"

"我现在的人生确实已经超越了'挺好'的层次。"我耸了耸肩，"我也不知道自己为什么会回来。也许是为了获得更多领悟？也许是为了把我的领悟分享出来？我也不知道。"

"你能跟我分享什么呢？"

我笑着问："你想知道什么呢？"

杰西卡的身子往前倾了倾，说："刚才凯茜的话让我的世界观小小地动摇了一下。"

"我看见你刚才情绪很激动。发生了什么？"

杰西卡跟我讲了一遍她和凯茜的对话，包括那个关于游乐场的比喻。

"我不知道，为什么她的解释会让我这么震撼。"她说。

"也许是因为这和你的人生有关吧。"

杰西卡脸上掠过一丝悲哀的神色。

"既然你以前来过这儿，干脆跟我说一个你在这儿领悟到的道理吧。"她说。

我大笑："就说一个吗？"

"先说一个好了。"

我思索了片刻，说："再来一个火车的故事怎么样？"

她笑了："好啊，再来一个。"

"上次离开咖啡馆的时候，我意识到自己不想再按以前的方式生活了。可我还不知道，我到底想过怎样的人生。"

我低头看着菜单说："我之前看见的菜单也有问题，但不是这些问题。我想，也许每个人看到的问题都不一样。"

杰西卡点了点头："之前凯茜也这么说过，只是我当时不明白她的意思。"

"我知道，"我说，"这事儿按照常理可能无论如何也说不通，所以你还是和我一起讨论一下吧。在我的菜单上，第一个问题是'你为什么来这里？'"

"和我菜单上的问题一样。"杰西卡说，"可我不明白这是什么意思。"

"第一次来咖啡馆的时候我也不明白。但后来我反应过来，这问题问的不是你为什么来咖啡馆，也不是问你为什么来夏威夷……它是在问你为什么存在？为什么活着？你的PFE（Purpose For Existing），你的存在意义到底是什么？"

杰西卡靠在椅背上，说："我还以为游乐场问题也在里面呢。"

"嗯，当你开始想第一个问题，游乐场的问题也不远了。因为我意识到，如果我问自己"我为什么来这里？"，我得出的答案将会是我今后生活的方向。至少看起来是这样。"

"什么意思？"

"因为从我当时的人生阶段来看，这个问题太大了。我无法真正想清楚这个问题。"

"所以你登上了一列火车？"

我大笑起来："是的。坐火车去上班了。我一直在想第一个问题，上班的途中也不例外。有一天，我偶然登上的一列火车，偶然遇见的一个人。"

"然后呢？"

"他看起来挺开心，是发自真心、合情合理的那种开心。于是我问他：'我知道我这么说有点奇怪，但你看起来这么开心，所以我想问，你开心的秘诀是什么？'"

杰西卡大笑："你真这么问了？"

我点了点头。

"那他怎么说？"

"他先问了问我的生活。我告诉了他我当时的经历、咖啡馆的事情，还有我不想只过'挺好'的生活。"

"他有没有觉得咖啡馆的故事很奇怪？"

我摇了摇头："没有。我觉得在他看来，所有发生的事情都是理所当然。当你最需要什么人的时候，那个人就会出现在你的生命里。所以，咖啡馆的故事在他看来是合理的。"

"后来呢？"

"后来他给我讲了两件事，这两件事让我真正行动了起来。第一件事是，他靠环游世界和教授不同的课程赚钱生活。这一点立即引起了我的兴趣。因为我一直想环游世界，但还不认识真正这么做过的人。

"然后他告诉我，他在努力摸清生活的时候，有过和我类似的经历。"

"他后来是怎么弄明白的？"

"是一个好朋友给了他很多帮助。他那个朋友好像叫托马斯，这个托马斯启发他去想这辈子他最想做、看或体验的五件事。接下来，他只需把时间和精力都优先花在这些事上，其余的一切都会水到渠成。他管这个叫人生五事。

"他说，参透自己人生的意义是个太庞大的工程，所以应该先从小处着手，比如说这个人生五事。当你完成其中三件，你就可以更加了解自己。等你更加了解了自己，也就更容易明白自己的人生意义。"

"你和这个人还保持着联系吗？"

我告诉她："没有。这就是奇怪的地方。我只在火车上见过他一次。就在我最需要他的那天，他出现并跟我分享了这个概念。从此我再没见过他。现在在我的记忆里，他就是一个叫'乔'的人，火车上的乔。"

"那你照着他说的做了吗？"

"没错。我决定，我的人生五事里头一件就是旅行。于是我攒了两年钱，开始环游世界。我爱上了旅行。后来，因为太喜欢旅行，我开始工作一年，旅行一年，一直到现在。"

"你不担心旅行回来找不到工作吗？"

"一开始担心，后来就不了。大多数人不喜欢他们的工作，所以他们对工作也不会太擅长。也就是说，如果你能竭尽全力去工作，你就会在人群中脱颖而出，到时候有的是人想雇用你。"

"即便你只为他们工作一年？"

"一开始我没说我只工作一年。但现在，同一家公司总是会再次雇用我。他们知道我工作优秀，等不及让我回去。"

说到这儿，我耸了耸肩，说："每个公司都有一两个特别想完成的特殊项目，只是苦于没有人能做。我不想要一份永久的工作，而他们想要我参与他们的项目，搞定一切问题。"

"你会永远这样吗？工作一年，旅行一年？"

"我不知道。目前这样的节奏很适合我。迈出第一步是最艰难的。我的东西该怎么办？走的时候怎么付账单？……一旦你把这些问题都解决了，剩下的就迎刃而解。我想，要是有一天我厌倦了这样的生活，我就停下来。不过现在……"

"你过得比'挺好'好很多？"杰西卡问。

"是的，绝对比'挺好'好很多。"

杰西卡望向大海。

"怎么了？"我问。

"你说得倒是很容易。"

"就是很容易啊。"

"只是你觉得容易而已。"

"对每个人来说都是这样。"

"可如果你有了孩子呢？那你就没办法说走就走了。"

"你有孩子吗？"

"没有。"

"那你为什么担心这个问题呢？"

"我只是说，不是每个人都能像你这样说走就走。"

"那你自己为什么会担心这个问题呢？"

她愣了一下："我不知道。"

我说："人生短暂，你光是分析别人适合或者不适合一种生活方式，永远不能理清自己的生活。所以，你要分析自己的情况。

"还有一点我要说清楚。我遇到过各种各样的人和家庭，他们都像我一样过着自己想过的生活。只不过，绝大多数人永远无法遇见他们，也无法听说他们的故事，因为绝大多数人都坐在室内工作，而那些人在室外旅行。只要你出去一次，你就会明白，一切人生皆有可能。

"很巧，我就是这样明白了大多数事情。如果你不放手去做，几乎所有事都是陌生的新领域。而开始一件事情的唯一方法就是……"

"放手去做。"杰西卡插了一句。

"没错。然后这件事对你来说就不再陌生，你还能遇见其他懂这件事的人。比如说你想学交谊舞，那就别在棒球场上晃悠。如果你想学棒球，那就别出现在交谊舞教室里。"

杰西卡大笑："再跟我多说点别的吧。"

我思考片刻，问道："你是想聊游乐场问题吗？"

"是的。"

"你得活出你自己的游乐场。"

"什么意思？"

"一个丈夫、两个孩子和一栋带大院子的别墅是你的游乐场吗？还是说这只是银行广告跟你宣传的主意？和三两好友开着敞篷车去海边、跟着广播唱歌是你的游乐场吗？还是说这只是汽车广告让你看到的生活？"

我继续说："你的游乐场只属于你自己，不要用别人的梦想去衡量它，要想方设法在里面装满你自己的梦想。"

24

"杰西卡，你喜欢这里吗？"艾玛问。

她、杰西卡和凯茜身处咖啡馆不远处的一个岩洞中。

"太美了。"杰西卡回答。

她们沿着一条大型热带植物环绕的小路来到这里，这会儿正在一片美丽的小小潟湖边上荡秋千，四下弥漫着夏威夷迷人的花香。放眼望去，到处都是鲜花。

在岛上的这片区域，黑色的火山岩组成了夏威夷的大部分海岸线，海浪的侵蚀形成了这个热带天堂中的热带天堂。

潟湖中是清澈的海水，你甚至能看到湖底游来游去的热带鱼。热带植物深绿色的叶子比人还大，郁郁葱葱地点缀在潟湖四周。湖岸由黑色的火山岩组成，为这幅风景画勾勒出美好的一笔。

"这是我最喜欢的一个秋千。"艾玛说。她正趴在秋千板上转圈，转得秋千绳都紧紧地拧在了一起。

"看我的。"她说。

只见她双脚离地，绳子松开，带着她转了一圈又一圈。

"你也可以试试。"艾玛对杰西卡说，"特别好玩。玩几次就不害怕了。"

杰西卡微笑着说："看起来确实好玩。"

"试试吧。"艾玛又鼓励她。

"嗯，我不知道这样安不安全……"

"没事的，你就试试吧。"艾玛继续劝她。

杰西卡犹豫地说："好吧。"她学着艾玛的样子稳稳地坐到一个秋千板上。

"你先自己转圈，把绳子拧紧，然后双脚离地。"艾玛说。

杰西卡按她说的抬起双脚，开始在空中打转了。

"成功了!"艾玛欢呼起来,"我就说过你也能行的。"

杰西卡站起来,笑了一下,又坐回到她的秋千板上。"艾玛,你是个好教练。"

"凯茜说你小时候喜欢荡秋千,但你现在忘记了这种乐趣。所以我想,我可以帮你回忆起来。"

杰西卡又笑了:"谢谢你。"

"嘿,索菲娅来了!"艾玛指着远处说。

一个看起来和艾玛一样大的小女孩抱着一个冲浪板向她们游来。

"索菲娅!索菲娅!"艾玛一边挥手一边高声叫道。

女孩听到了,也向她们挥了挥手。

"我要和索菲娅去潮池玩。"艾玛说着向水边跑去,"我待会儿就在这边或者那边玩。"她扭头喊了一声。

"好的。"凯茜回应。

"她这样你放心吗?"杰西卡问。

"没问题的。她们对这片潟湖的每个角落都很熟悉。我有时候觉得她们是鱼或海龟变的。"

"她刚才说的'这边'和'那边'是什么意思啊？"

"她和迈克约好了，迈克允许她和朋友们在岛上探索，她则必须让迈克知道她打算去哪里。"

"这样不危险吗？"

"不，恰恰相反。她很小的时候就这么做，不管她选择去哪儿探索，迈克都会确保自己能看见她，并且可以很快赶到她身边。迈克教她相信自己的本能和直觉。这种训练很好。这样一来，她心里有个自己的导航系统，探索时能保障自己的安全。"

"可看上去还是有点危险啊。"

"如果你能预见到要发生什么，世界对你来说还危险吗？"

杰西卡愣了一下："她有这种能力？"

"人人都有这种能力。她很小就学会用这个能力，相当于是她的第二天性。大多数人早早就弃用了这个能力。所以刚听说这种能力的时候，人们不会把它当成天性，而是去质疑它。"

"我懂了。"

凯茜察觉到了杰西卡的不解。

"你今天也用过这个能力了。"

杰西卡疑惑地望着她。

"你今天早晨走进了我们咖啡馆，不是出于某种理性的原因，是你的心声让你走进来的。从某种角度说，你内心的导航系统会给你提供一个线索，引导你去做对的事。"

"你怎么知道？"

凯茜望着潟湖露出一丝微笑："大家都是这样来到这里的。"

25

"迈克，你女儿真棒。"

我和迈克一边收拾厨房一边聊天。

"谢谢，她确实是个乖孩子。"

"你当爸爸以后感觉怎么样？"

迈克放下刚才端着的一摞盘子，说："当爸爸……是我生命中最美好的事情。"

我笑了："你还着重强调了一下那个'我'字。"

"毕竟为人父母不一定适合每一个人。对合适的
. . . .

人来说，为人父母意味着无穷的乐趣和重大的责任；对不适合的人来说，那就是无尽的痛苦和同样重大的责任。"

"我头一次听到有人这样形容。"

他笑着回应："因为你一旦有了孩子，就没法把孩子塞回去了。"

"所以不是所有人都适合当父母，是吗？"

"当然了。生不生孩子是个人选择，不分对错。我只是说，不是所有人都恰好适合养孩子。"

"那你为什么适合当爸爸呢？"

"因为艾玛出生之前，我已经把世界上最难对付的人照顾好了。"

我大笑起来："这人是谁啊？"

"是我自己。"

"你自己？"

"为人父母意味着大量的付出，但没多少人能坦然说出这一点。我们常常在广告上看见一个爸爸或妈妈，肩头依偎着可爱的小宝宝；或者一个美好的家庭生活场景，每个家庭成员都神采奕奕、满面春风，孩子的举止更是可爱得不可思议。可这些广告只展示出了家庭生活的收获，也就是孩子给父母带来的爱。"

"实际情况不是这样吧？"

"有时候是，有时候不是。父母的大部分工作，是给孩子换尿布、穿衣服，做饭；孩子哭闹或者不睡觉，你要哄他；还要把你知道的东西教给孩子……孩子越小，父母就越是需要多付出。"

说到这儿，他顿了顿："很多人生孩子的目的是为了索取。过不了多久，他们的幻想就会破灭。"

"你有过幻灭感吗？"

"我刚才说，艾玛出生之前，我早就把自己照顾好了。我见过了想见识的东西，经历了想经历的事情……我已经做好了付出的准备。"

"那你有收获吗？"

"太多了，每天都有，一点一滴。艾玛出生前我从没换过尿布，所以一开始完全摸不着头脑，也做好了最坏的打算。后来，她出生了。这个小家伙自己不会换尿布，需要我的帮助，于是我就帮她换。这种感觉好极了，这就是收获。"

我笑着说："我本来以为换尿布就是换尿布，没想到在你这儿还算一种收获。不过说实话，我也没给孩子换过尿布。"

迈克点了点头："你得先满足自己的需求，这样孩子出生后，你才能把他们当成一件美好的礼物。这些小家伙来到你身边，给了你帮助他们的机会。换尿布并不是一种责任，而是一种馈赠。孩子特别小的时候，这种机会你一天能有十几次。"

"所以，付出就是一种收获？"

"没错。帮助孩子成长就是父母的乐趣所在。有的人还没做好准备，他们想先索取，再考虑付出。这样做父母可行不通。"

"可你刚才说，这是'生命中最美好的事情'。"

迈克点头承认："对我来说，是这样的。"

他把擦盘子的毛巾挂起来。"约翰，人一天只有这么点时间。就算没有孩子，大多数人也每天忙得团团转。有了孩子，你就得付出更多。孩子最需要的就是时间、关注和爱。"

迈克顿了顿，接着说："你还记得你上次来的时候，我们聊过PFE那个概念吗？"

"当然记得，PFE——存在意义。我刚才还在和杰西卡说这个呢。"

"就是这个。一个人弄清了自己的存在意义，为了实现那个目标，需要马不停蹄地为事业奔波忙碌……"迈克停了一下，"那他怎么能匀出时间、关注和爱给孩子？"

"也许他们的存在意义不包括为人父母。"我说。

"没错，但这种状态对于某些人来说是暂时的。所以，我们不用纠结，也不用因为朋友、家人或社会的观念而感到有压力。每个人都在追求自己的存在意义，只不过方式不同罢了。"

"我在这间咖啡馆遇到过不少客人，他们想要'圆满'的人生，所以才想生孩子。这是一个迷思。因为生孩子只意味着'养育孩子'这一件事得到圆满，并不代表人生的其他方面同样圆满。也许你不像某些人一样，能活得有激情和创意，或经营一份飞黄腾达的事业……

"约翰，这件事的重点在于，人和人不一样，每个人都是独一无二的、特别的。一个人的存在意义也许包括生孩子和生孩子之后要面对的一切，也许不包括，选择哪一种都没关系。"

"可外界看来可不是没关系，"我回答，"我是说咖啡馆外面的世界。"

"我知道。女人会受到更多来自外界的压力。但实际情况是，如果生孩子是平静、满足和幸福生活的关键，这个世界上早就该充满平静、满足和幸福的成年人了。"

"可你还是说，这是'生命中最美好的事情'。"

"因为我的存在意义包括为人父母。我已经做好了迎接艾玛的准备，我生她并不是为了填补自己缺失的情感。"

26

"她俩玩得真好。"杰西卡指了指艾玛和索菲娅。

"老样子了，"凯茜回答，"她俩的游乐场非常相似，她们喜欢一起在里面玩。"

"什么意思？"

"她们的喜好相同，都特别爱玩水、爱动物、爱浮潜、抱着浮板游泳、冲浪……"

"还有去潮池玩。"杰西卡补充说。

凯茜笑着说："是啊。"

她们沉默了一会儿。

"我以前有个类似的朋友。"杰西卡说。

"你小时候？"

"不。当时我十二岁。她叫阿什莉·杰辛斯，有一天，她搬到了我家那条街上。我们有一阵子做什么事都在一起。"

"你和她还联系吗？"

杰西卡摇了摇头："没有了。后来我决定离开，说走就走，有多远走多远。"

"你还在逃避吗？"

杰西卡停下了秋千，问道："什么意思？"

"你还在逃避吗？"

杰西卡思索了一分钟："不知道。我已经不是小孩了，我有一份事业，还有接下来的人生……"

"这并不意味着你没有逃避。"凯茜说，"遇到糟糕事儿的时候，我们转身离开，选择逃跑。这需要勇气。从你不喜欢的环境中逃出去，尤其逃脱那个每天都让你受伤的环境……这很勇敢。"

杰西卡点了点头。

"有时候我们习惯了逃避，忘记了停下脚步，转身迈步向前。"凯茜说。

"我没听懂你的话。"

"你在岛上，和大陆远隔重洋。你逃避的那段生活发生在那儿，已经是很久以前的事，却依然是你的心病，对吗？无论你做什么、想什么……都是在努力逃离。"

一滴泪水从杰西卡脸上滚落。"你不明白，"她说，"过去的事太糟糕了。"她擦掉那滴眼泪，紧接着更多泪珠滚落下来。"特别特别糟糕。"

凯茜点了点头。"那些都过去了。"她伸出一只手，放在杰西卡手上，"那段生活不是你决定的，也许是时候停止了，不要再投入过多时间、精力和情绪给过去的生活。我们应该用它们来创造自己的生活。"

凯茜放开杰西卡的手，问："你有工作吗？"

杰西卡点了点头。

"你有一辆非常好的车，穿着很贵的衣服，用着最新款的手机……为什么？我问这个问题不是要评判你，而是想和你敞开心扉谈一谈。"

杰西卡低头看着秋千。她迟疑了。

"我不是说拥有这些有什么不对。"凯茜说,"这些东西都很棒。我只是问,你为什么要拥有它们呢?"

"我想证明我有所归属。"杰西卡停了好一会儿才回答,"我想证明我有所归属。"

"什么归属?"

杰西卡摇了摇头,情不自禁地笑起来:"我不知道。我可能不希望别人看出我过去的样子,不想让他们看出我从哪儿来。"

凯茜问:"真实的你是什么样的?"

"什么意思?"

"有人爱车,喜爱坐在新车里的感觉,喜爱操控机械的感觉,喜爱踩下油门时的发动机轰鸣声。他们真心欣赏一辆车的对称性设计和美感。你是这样的人吗?"

杰西卡摇了摇头:"不是。"

"有人爱服装,最新款的时装让他们兴奋,他们崇拜设计师的创造力,能认出每件衣服上别具一格的细节,热爱某件衣物带给他们的感觉。你是这样的人吗?"

杰西卡摇了摇头:"不是。"

凯茜笑了："有时候我们根本没意识到，我们总是想向全世界证明我们有所归属。一开始，我们是想让其他人喜欢或者认可我们，看到我们身上的价值。后来在某个时刻，我们意识到了真相——我们在努力挤进我们其实并不想进入的圈子。

"我们真正想要的——比任何事都更渴望的——是被我们自己的圈子接受，是的，我们希望自己的价值得到认可。但在内心深处，我们想要的不是其他人说我们很特别。我们希望自己认为自己是特别的。一旦我们做到这一点，就不再需要他人的认可了。因为我们知道自己是特别的——无须他人来证明。"

杰西卡连连点头。

"你为什么来到这里呢？"凯茜问，"来夏威夷。"

"我想学冲浪。"

"真的？"

杰西卡点了点头。"有一次我看了一个关于冲浪人的电影，他说踏着浪感觉很自由，冲浪的时候，似乎整个世界都消失了。你心中只剩下海浪、冲浪板，还有和谐的感觉……"她耸了耸肩说，"可能有点蠢吧。"

"那你现在冲浪吗？"

"不。我到这儿之后，发现吃穿用都很贵，我手头又不宽裕，所以赶紧找了份工作，好付房租和饭钱。可那之后我还是过着捉襟见肘的日子。于是我又找了一份夜班工作。后来……我不知道。我开始觉得整件事都有些傻。"

"你是说冲浪吗？"

"所有想法都挺傻的，冲浪代表自由、和谐什么的……"

"你现在还缺钱吗？"

"不，我不算有钱，但也不算缺钱了。"

凯茜笑着说："我还是不知道你是谁。"

杰西卡也微笑着回应："这又是什么意思？"

"我是说，你穿的衣服不能代表你，你开的车也不能代表你；你不是那个逃离艰难童年的女孩儿，不是初次登岛的那个手头拮据的女孩儿……那么，你究竟是谁？"

杰西卡脸上的笑容逐渐褪去："我也不知道。"

凯茜说："这就是为什么你还在逃避，没有迈步向前的原因。"

27

我和迈克还在厨房里一边收拾一边聊天。

他哈哈大笑："约翰，我们聊了许多育儿方面的话题啊。有什么关于你自己的新鲜事分享吗？"

"哦，没有。我……我……"我微笑着推托，"其实没什么好讲的。过去几年我过得很开心，特别开心。我特别庆幸自己上次来到这个地方。那场奇遇改变了我的人生。我要谢谢你。"

迈克点了点头。

"可现在我又回来了，我不明白为什么。"

"你觉得是为什么？"

"我不知道，可能我需要学什么新东西吧，或者哪方面需要成长……"

迈克微微一笑："也许吧。说不定这次轮到你来这儿教别人了呢。"

"教杰西卡？"

"有可能。也可能是凯茜、艾玛或我。"

我大笑起来："我可不觉得我有什么能教给你的，我知道的你肯定也知道。"

"别急着下结论啊。毕竟你离开这里之后活得很精彩，这期间你肯定学到了不少新东西。"

我点了点头："确实如此。我的人生更惬意了，世界更广阔了，可是……"

"可是，我该向谁……"迈克说。

我耸了耸肩："差不多是这个意思。"

"约翰，你首先要跟自己和解，相信自己。你弄清了自己的存在意义，开始为实现它而努力。你做到了，而且你还做到了更多。

"在某一个时刻，每个人都会意识到，大多数人受到了别人的启迪才会收获成长。可能有人说了让你难忘的话，有人告诉了你一个让你一辈子受益的主意。

"经历了这一切后，你会逐渐发现你与自己的PFE越来越一致，每一天活得越来越充实，被你吸引的人越来越多。你浑身散发着一种能量，这一点是装不出来的。你的真诚和透明吸引了你身边的所有人。

"在某个时刻，可能是一次偶然的交谈，可能是有朋友来找你交流意见，你和他人分享了自己的所思所想。然后，你就会看到这席话也会改变他人的人生，就像别人跟你分享的感悟也改变了你的人生一样。

"那时你会有一个大发现。问题的关键不是你该向谁传授，向谁分享，改变谁的人生，帮助谁的事业，和谁环游世界，与谁坠入爱河，同谁共谱一曲，也不是给谁灌输新的梦想。问题的关键是——为什么不分享给所有人呢？"

28

凯茜向杰西卡微微一笑："你用过车载 GPS 吗？它可以自动定位你的位置，输入你想去的地方，就会响起一个非常友好的声音，一句一句指导你该怎么走。"

杰西卡忍不住哈哈大笑："用过啊。"

"我发现这就是宇宙运转的方式。"

"什么？"

"我们做人生决定也是同样的原理。我们尝试新事物，或左转，或右转，或原地打转，都是一样的。"凯茜答道。

杰西卡微笑着认真听。

"有时候，我们感觉自己偏离原路太远，没人能把我们带回去。"凯茜看了杰西卡一眼,"你知道我的意思吧?"

杰西卡点了点头。

"但你想想 GPS 装置,不管我们在原地兜了多少圈,一件事重复做了多少回,一个错误反复犯了多少次……不管那个小小的声音告诉你往右拐时你往左拐了多少次……那个声音无论如何都不会批评你,只会一直'重新规划路线',为你提供一切需要的信息。"

杰西卡大笑:"可不是嘛!"

"确实如此。"凯茜继续说,"宇宙的运转方式也一样。"她不再荡秋千,而是看向杰西卡,说:"你来到这世上是为了一件重要的事情。你的生命不是一个错误或意外,也不是一个随机发生的巧合。你有你的目的和意义,不然就不会降生。尽管你会时不时觉得自己无可救药地迷失了,永远找不到出路,但你总会得到帮助。"

凯茜的话触动了杰西卡。

"我有过几次那种经历,感觉自己来到地图上都找不到的地方。"杰西卡轻声说,"就连现在我也会经常感觉……十分迷茫。"

凯茜笑了。"是时候启用宇宙GPS了。"她看着杰西卡,"你喜欢'上帝'这个词吗?"

杰西卡疑惑不解地看着她:"我喜欢'上帝'这个词吗?"

"嗯。"

"我不知道。为什么这么问?"

"有的人喜欢这个词。对他们来说,这个词比'宇宙'更好接受和理解。"

"这两者有什么关系吗?"

"看你怎么想。我们还是说宇宙吧,这才是人们通用的词。等你有空想清楚这件事,可以挑你喜欢用的词,随便哪个都行。来自不同地方、不同背景,说着不同语言的人们会使用不同的词。这些词还会随着时间的推移渐渐改变,因此,我们有一箩筐历史悠久的词可以用。"

"这些词有什么优劣之分吗?"

凯茜笑了:"对有些人来说是的。"

"对你来说呢?"

"我们聊的这个事物的本质是一种强大的存在,它是天地间万事万物的一部分。不仅是在我们的星球上，在太空深处的各个角落都是如此。它也不仅仅存在于现在，而是能追溯到时间诞生之初。"凯茜微笑着解释，"就我个人而言，我不认为这么强大的存在需要局限于一个名字。我觉得它背后的意图才更重要。"

杰西卡点了点头："这个宇宙GPS要怎么用呢？"

"看情况。"

"什么情况？"

"看你迷路的程度。"凯茜望着潟湖说，"你还记得咖啡馆菜单上的第一个问题吗？"

杰西卡点头表示记得："你为什么来这里？"

"嗯。"除此之外，凯茜没再说别的。

"这个问题怎么了？"

"这是你使用宇宙GPS的第一步。"

"快把它打开吧。"

凯茜说："好，你出生了，下一步呢？"

杰西卡思考了片刻："GPS会找到你的位置。"

"那是肯定的，下一步呢？"

"输入你要去的地方。"

凯茜点了点头，说："那你就得回答这个问题——我为什么来这里？或者换个说法，我的存在意义是什么？在咖啡馆里我们管这个叫PFE，即存在意义。这相当于告诉宇宙，'这就是我想去的地方'。"

杰西卡又思考了一会儿："这似乎有点难。我怎么才能知道自己的存在意义？"

"用搜索功能。"

"用什么？"

"GPS都有搜索功能。如果你不知道自己要去的确切地点，可以根据主题搜索，比如'意大利餐厅''旅游景点''国家公园'……"

杰西卡哈哈大笑。

"真的，"凯茜也笑着说，"人生也是一样的道理。"

"我有点懂了，但又不完全明白。"

"这样说吧。假设你正在开车，而且已经在路上开了一会儿了，有什么事会让你停车呢？"

杰西卡想了想，说："我累了？"

"很好，然后呢？"

"停车歇歇？"

"但是停车之前呢？"

杰西卡似乎有点迷惑。

"好好想想吧，"凯茜说，"你决定停车之前会发生什么事呢？"

"我会想一件事，一件比开车更想做的事。我脑中会冒出一个想法或一个主意，那就是我的线索。"杰西卡兴奋地说。

凯茜点了点头："我说的就是这么回事。每一天的每一秒，我们都在接收线索。有的人，比如约翰，说他选择环游世界。我们听到这个消息，要么觉得没兴趣，要么就会听见自己内心的呼唤，'别开车了，去环游世界吧！那才是我一直想做的事！为什么不现在就去做呢？'"

"那我应该输入一个主题，还是一个特定的目的地？"

"这也取决于每个人的情况。也许它并非你的存在意义，但从某种角度来说，它对你特别重要。"

杰西卡说："我和约翰聊天的时候，他告诉我，一开始他觉得PFE这个概念太大。于是，他决定从他人生中最想做的五件事开始，这样更容易把握些。就在他完成这五件事的过程中，自己的人生意义就明朗起来。"

凯茜说："对于某些人来说，这是个很棒的开始方式。"

"对其他人来说呢？"

"有的人天生能感知到自己的存在意义，从记事起就明白自己想要什么。"凯茜顿了顿，"我接下来会解释一下，宇宙 GPS 和车载 GPS 有一个共同特点。"

"什么特点？"

"二者都会关注你的动态。根据你的动态，它们会更改提供给你的信息。"

29

我走到厨房角落的柜台前，拿起我的背包。

"这么快就走了？"迈克笑着问我。

我回应道："为什么不分享给所有人呢？我想趁自己没忘，赶紧把这个记下来。"

我拉开背包拉链，拿出了我的"原来如此"笔记本。

"这本子是干什么用的？"迈克问。

"为了记录一些特定时刻。"我在一张空白页上写下一条笔记，"上次离开这儿的时候，我满脑子都是新想法、新主意和各种真知灼见……如果我不把它们写下来，以后肯定会忘掉。于是当天晚上，我找到你说的那家加油站之后，赶快买了一个小本子，开始记录那些让我感觉'原来如此'的感悟。"

"你怎么区分哪些是'原来如此'的感悟呢？"

"它出现的时候我自然知道。那些话会让我立刻产生变化，有时候是一些小事，比如一条不错的消息或一句话。其中大多数都是人生箴言。就像你刚才分享的那句话一样，我听到了就知道，我记住它并在合适的时机付诸实践，我的人生就会向好的方向转变。"

"所以你就把它们写下来？"

我点了点头。

"然后你会拿它们怎么办呢？"

"我晚上睡觉前会翻一翻。或者我某天过得很难熬，也会拿起这个笔记本，随便翻一页开始读。这个本子为我服务，能让我保持振奋。"

迈克说："这主意我喜欢。我能看看吗？"

"当然。"我把本子递给他。他随意翻到一页，大声读了出来。

"我永远不能失去它，一刻也不行；既然现在我已经亲身体验过，它就永远都属于我了。"

迈克笑了："这句话背后有什么故事？"

"我第一年旅行期间的一个早晨，我突然有一种强烈的顿悟感。我们以为自己拥有许多东西，但其实都是一种幻觉。所有物质终将崩塌，失去价值或者被人盗走……

"而一个人的体验则不一样，它能永恒存在。一旦你拥有了一种体验，就没人能把它夺去。你不需要为了留住体验而交税，它不是房产。你也不用费心将它锁起来，因为它也不是金子或珠宝。只要你去回忆，你就能在世界上的任何地方，把一段体验重温无数遍。

"你刚才念的那句感悟给我留下了非常深刻的印象。关于挣的钱要花在哪儿，那句感悟真的改变了我的许多想法。'物质'开始变得不那么重要，体验却变得越发重要。"

迈克点了点头。"我真的很喜欢这个主意。有意思的是，我翻到的这一条，刚好和一个顾客跟我们分享的事情是一个道理。"

"他分享了什么？"

"世界上有近五分之一的人活不到退休年龄。"

"你在开玩笑吧！"

"没有。真的有将近百分之二十的人会在六十五岁之前去世。"

"太吓人了。这些事我以前怎么从没听说过？"我伸出手，"可以把本子还给我一下吗？这也是一条'原来如此'！我想记下来。"

迈克微微一笑，把笔记本递给我："对于那些为了退休不停攒钱、攒钱再攒钱的人来说，这可是个坏消息，因为他们永远都没机会享受攒下的钱。"

"真是没想到。"我表示同意，同时匆匆记下了这条"原来如此"的感悟，然后抬起头问，"那个顾客还说了什么别的话吗？"

"说了啊。他受邀去参加一个电视访谈节目，聊的是人们应该用返税金做什么。应该存起来，还是花掉？关于什么样的决定最划算，他做了一番计算。"

"话题就是返税金该存起来还是该花掉吗？"

"差不多吧。和你各种各样的'原来如此'记录一样，钱也有各种各样的花法，他希望想出一个能把返税金换成体验的解决方案。"

"然后呢？"

"令人吃惊的是，他分析之后得出了结论，返税金价值五千美元。然后，问题就成了是花掉五千美元还是为退休生活攒下来。

"他收集了所有的股票市场历史数据，他根据历史通货膨胀进行了调整，还计算出了五千美元在未来的实际价值。这个人现在四十二岁，那么在他到达退休年龄之前，这些钱还有二十三年的增值时间。"

"他得出的结果是什么？"

"可能和你想的一样，如果他存下那笔钱，钱会增值。到退休的时候，他会拥有比现在更多的钱。"迈克说到这儿停了一下，"但是，从体验的角度来看，他认为存下这笔钱并不划算。"

"为什么不划算？"

"他在访谈节目中说，他最后做出了这样的决定——今年他要带妻子和两个十几岁的孩子进行一场为期三周的旅行，去看看落基山脉。他们打算徒步、钓鱼、漂流、蹦极、骑山地自行车，还要进行其他许多活动。

"这些活动将丰富他的家庭生活欢乐时光，并制造出许多美好的回忆。按照你那一条感悟来说，它们将会永远属于他。"

迈克暂停了一下，喝了口水："他也可以攒着这些钱，让钱增值。二十三年后，那些钱应该足够他安排两次那样的旅行了。"

"可到时候，他的孩子们已经不再青春年少。"我说，"每当他想起那次本可以进行的旅行，他都会觉得自己错失了二十三年的欢声笑语。更不用说，四十二岁去参加漂流、蹦极这些活动可比六十五岁的时候容易多了。"

"而且你说不定还是那五分之一无法活到六十五岁的人。"迈克补充说。

"确实是这样。"我附和道，"哇，从这个角度看来，不选择那些体验真是太不划算了。"然后我怀疑地看着迈克，"你确定你那个客人说的数字没错？"

迈克点了点头。"我知道没错的，他给我详细验算了一遍。"他又微笑起来，"他不只是我们咖啡馆的顾客，还是我的理财规划师，对数据计算得心应手。"

"那他在电视访谈节目中讲了这个故事？"

"没错。他给观众们解释，他不是不建议大家存钱，他反而特别支持存储至少六个月到一年的收入的存款。他也不是不鼓励大家为退休生活搞投资。"

"按照他的说法，我们应该做出自己真正想做的决定。大多数人工作是为了赚钱，赚了钱就用它投资能产生'实际回报'的项目。在这个例子里，充满家庭生活体验的三周假期就是实际回报，这些体验都会变成美好的记忆，有特殊价值。对他来说，比起二十三年后进行两次这样的旅行，现在的这次价值更高。"

30

杰西卡困惑地瞟了凯茜一眼："GPS会关注人的动态?"

"嗯。"

"怎么关注?"

"新的GPS有一项技术，可以用算法分析你的行为。举例而言，如果你常常搜索意大利餐厅，那即使你没有提出要求，它也会开始为你提供意大利餐厅的清单。

"如果不是意大利餐厅，也有可能是国家公园、瀑布、购物商场之类的地方。总之，它会记录你在什么地方花时间，然后为你提供更多相关机会。"

"难道宇宙也会这样做？"杰西卡问。

"没错，宇宙不仅会倾听，还会关注。"

"这意味着什么？"

凯茜说："意味着要是有人说他们想过不同的生活，想拥有更自由、更宜人的环境，可是每周四十或五十个小时的时间他们都在小小的格子间里度过，为一个对他们不怎么好的老板工作……"

"和GPS一样，宇宙会给他们提供他们真正喜欢的东西。"杰西卡说。

"没错。这就像宇宙在说：'哇，看她常常把时间花在那儿，她肯定爱死这件事了，要不我再多给她一些类似的机会。'"

凯茜的声音逐渐低沉："而且，不仅仅是工作。宇宙关注着一切，比如说我们把时间和精力花在了怎样的关系上，我们通常如何思考……甚至包括我们产生那些思考的过程，宇宙全都看在眼里。"

"听起来宇宙对我们不怀好意呀。"杰西卡说。

凯茜摇了摇头，说："我理解为什么你会那么想。其实宇宙并没有对我们不怀好意，它的运转逻辑只不过基于一个简单的前提——我们拥有自由意志，我们可以选择做什么事、怎么做，把时间花在哪儿，和谁一起玩儿……按理说，我们可以选择给我们带来正面情绪的活动。正面情绪包括快乐、爱、满足、兴奋……"

"因此，宇宙不仅没有对我们不怀好意，还特别乐善好施。根据我们的行动、想法、意图，它会为我们送上我们想要的东西。"

杰西卡打了个寒战。凯茜看见了她的反应。

"你还好吗？"

杰西卡点了点头："你这番话太厉害了。"

凯茜说："是吧？无论什么时候，只要意识到了这点，就可以开始利用这个不可思议的导航系统。不管我们走得多偏，跟着系统导航，总能重新回到正轨上。我们要意识到，是我们自己在为这个系统导航。它在响应我们的行动，我们不只是人生舞台上的演员……同时也是导演。"

杰西卡看看凯茜："我怎样才能连上这个导航系统呢？"

"你已经连上了，想断都断不开。你生命中的每一刻都是你和这个导航系统共同创造的：你向它展示你想要的人生，宇宙GPS为你创造相应的机会。"

"可我不喜欢现在的连接，我想让它停下，别再给我现在这类机会了。"

凯茜笑了："那你需要输入新的目的地，向宇宙GPS展示你的新喜好。"

"就这么简单？"

凯茜点了点头："就这么简单。"

杰西卡沉默了片刻："系统过多长时间才会给我新的机会？"

"这得看情况，看你释放出的信号有多强，能多么清楚地告诉系统自己真正想要的东西。人们常常嘴上说着想结束一段心力交瘁的关系，却总是回到同样的关系中来，他们释放的信号其实是'我想要更多心力交瘁的关系'。

"怎么说其实并不重要，重要的是怎么做。车载

GPS同理，我们每个人都有驾驶记录，这些记录决定了我们一开始获得什么信息；但是，当算法发现我们不再搜索意大利餐厅，开始搜哪里有中餐馆……"

"它就不再为你提供意大利餐厅的信息了，转而开始推荐中餐馆。"杰西卡说。

"就是这样。它才不会对你不怀好意，不会说'哦，我试试劝他们今晚继续吃意大利菜。'"

杰西卡大笑："GPS的黑暗面。"

"是啊，但GPS没有黑暗面，它只会学习，然后提供选择，根据我们的行动调整它的反馈。"

杰西卡突然睁大了眼睛："那我能选择删除吗？"

凯茜问："你想说什么？"

"就拿我车上的GPS来说，我可以删除我的搜索历史。我可以清空我搜50次意大利餐厅的历史。这样我就可以重新开始了。我不需要去51次中餐馆，就能让系统知道我现在不想去意大利餐厅，更想去中餐馆。我第一次去中餐馆，就想让系统明白这是我的新喜好。"

凯茜从杰西卡的眼神中看得出来她很兴奋。

"能这么做吗？"杰西卡问。

"太棒了，杰西卡，你刚刚悟出了宇宙GPS最强大的功能。"

杰西卡神采奕奕地说："完美！我怎么用这个删除功能？"

"只要做出改变就行了。"

"不，我想要的不仅仅是做出改变，我还想删除过去，就像删除车载GPS的记录那样。"

"杰西卡，这不是一回事。你的过去就是你的过去，你不能把它完全删除。"

杰西卡突然看起来很伤心："我以为你刚才的意思是我可以做到，你不是说我'悟出了宇宙GPS最强大的功能'吗？"

31

我又在日志中添加了几条记录。"这个故事真棒，迈克。你的理财规划师听起来是个非常有趣的哥们儿，以后有机会我想见见他。"

迈克说："他的确很有趣。和大多数同行相比，他对自己的事业有非常不一样的看法。"

"他好像很坦诚率真，"我说，"不玩虚的，也没有过度包装自己的思考。"

"所以他的事业才比其他同行更成功，"迈克补充道，"也比那些人过得更快乐。按他的话说，'要是整天都在劝人们做不适合他们的事，你肯定很难开心起来'。"

迈克说："他还做了一件厉害的事情。"

"什么事？"

"让我想想该怎么跟你讲。"迈克停下来几秒钟，然后说，"好，我们假设你有一千美元可以投资。"

"好。"

"第一年，你的投资损失了百分之五十。"

"不妙啊。"

"但是第二年，你的投资获得了百分之五十的收益。"

"我喜欢第二年。"我笑着说。

迈克接着问："那么你这两年的平均投资回报率是多少？"

我想了想，说："第一年少了百分之五十，第二年多了百分之五十。我的平均回报率是零。"

"正确。那么两年后你有多少钱?"

"既然回报率是零,那我当然还有一千美元。"说到这儿我愣了一下,我意识到这个答案不对,可看起来又没什么毛病……

"哦,我知道了。"一分钟后我说道,"不是一千美元。我剩下的钱比一千美元少多了。"

迈克点了点头:"我朋友分享了许多让我觉得'原来如此'的东西,你刚才的短暂困惑就是其中最有趣的一个。你说的没错,确实不是一千美元。你最初拿一千美元投资,损失了百分之五十,这时候你还剩下……"

"五百美元。"我回答。

"没错。然后你又在这个基础上收益了百分之五十。那么你有多少钱?"

"七百五十美元。"我回答,"太恐怖了。虽然我两年的平均投资回报率是零,但我的投资款损失了百分之二十五!"

迈克点了点头:"可人们谈起投资的财务收益时,会用什么来评估?"

"平均投资回报率？"

迈克再次点头："没错。这才是我朋友真正烦恼的事。这会让人们搞不清状况，还掩盖了真实的投资回报情况。因为人们得到了不良信息，才会做出糟糕的决定，然后再也无法得到自己真正想要的人生。

"于是，他想揭穿层层迷雾，让人们做出正确的决定，尽可能让他们的存在意义得到圆满。"

我说："不是我在细节上钻牛角尖，但我想问一个相关问题，行吗？"

"行啊。"

"如果说平均投资回报率这个数据容易误导人，那你朋友建议看哪个数据呢？"

"一个叫CAGR（Compound Average Growth Rate）的数据，意思是年复合增长率。"

"我已经有点不知所云了。"我笑着说。

"这个词的实际意思很简单。"迈克说，"你先看看一开始有多少钱，再看看最后有多少钱，然后计算你得到的实际回报。我们刚才举的那个例子，你差不多就是这么算的。"

"是吗？"

"嗯。你发觉我们最初有一千美元，最后只剩下七百五十美元，我们损失了原有投资的百分之二十五，那么我们实际的投资回报率是负百分之二十五。"

我在我的"原来如此"笔记本中多记了两笔："这么说，如果我想知道真相，我应该问实际的投资回报率，而不是平均投资回报率？"

迈克说："我朋友说过，这二者中一个是真相，一个用委婉的方法隐藏真相。我们最好还是直面真相。"

"听起来有点悲哀。"我说。

"什么悲哀？"

"人们知道真相却不直接说出口。"

"约翰，这是人生中的大冒险之一。不是每个人的道德指南针都指向同一个方向，先意识到这个事实，你才能选择跟你方向一致的那些人，让他们充实你的生活。"

32

"凡是过去都有存在的必要。"凯茜说，"如果没有过去，此刻也不会发生。"

"可我不喜欢我的过去。"

"没关系，你不必喜欢自己的全部过去，也不必释怀。你只需要知道，过去的作用是把你带到现在……这就够了。"

凯茜看着杰西卡，说："只要我们回溯的时间够长，就会发现发生过的一切都有意义。只要你清楚，自己要向宇宙GPS里输入什么新目的地，接下来就容易多了。一旦你心中有数，你就能看到，过去和新目的地之间早就铺好了路。

"然后你就会明白，其实你不是真的一直在迷路。从始至终，宇宙都与你同在，它帮助你、指引你，为你选择你的PFE并说出'这是我想去的地方'那一刻做准备。"

"那我不需要删除历史记录了？"

凯茜摇了摇头说："不需要。"

"那你为什么说我悟出了GPS的强大功能？"

"在车载GPS上，删除是个强大的功能。它可以重设计算机系统，让你从头来过。生活中的剧变是同一回事，它是一个非常强烈且清晰的信号——让宇宙开始重新校准。"

"多大的变化算剧变？"

"每个人的情况都不一样。这里的剧变可能指结束一段关系，也可能正相反，是敞开心扉、开始一段关系。变化越剧烈，你在新变化的方向上投入的时间和精力就越多，发出的信号也就越强烈和清晰。"

"宇宙系统的重设也就更彻底？"杰西卡问。

凯茜点了点头："对，会更彻底。你的信号足够强烈、清晰和确定，宇宙也会给出同等的回应。"

"很难想象。"

"想想你目前为止的人生吧，这是最简单的理解方法了。你回忆一下，某个时间点上你的人生改变或未改变会是什么情况，这样你就会发现一切都说得通了。"

杰西卡消化了一下凯茜的话，突然站起身来。

"你还好吧？"凯茜问。

杰西卡点了点头，笑了。这是目前为止杰西卡露出的最真的微笑。她说："不只是'还好'。我突然觉得轻松了许多，就好像……我不知道。听上去有些夸张，但是真的就好像……我能飞一样。"

她朝正在潮池嬉戏的艾玛和索菲娅望去。"我去去就回。"说着她踢掉了脚上的鞋。

"你要去哪儿？"凯茜问她。

杰西卡向女孩儿们跑去。"我去问问艾玛，看她能不能教我冲浪。"她大声回答。

33

我先是听见她们的大笑，然后才看到凯茜、杰西卡和艾玛的身影。

"她们一定在干什么有趣的事儿。"我对迈克说，"我能从她们的笑声中听出一种能量转化。"

迈克点了点头，从高脚凳上站起来，说："我最好赶快去准备冲浪板。待会儿我们会需要好几个。"

"谁要冲浪？……"我刚开口问，迈克已经出了厨房。

"约翰！约翰！你想和我们一起玩吗？"

艾玛沿着小径向我跑来，脸上挂着灿烂的笑容。

我从取餐窗口往外看去："嗨，艾玛。"

"你想和我们一起玩吗？"她又问了一次，"我们要去冲浪。杰西卡想让我教她。你来吗？"

我笑了。迈克怎么会提前知道呢？"当然啦，"我对艾玛说，"我也去。"

过了一会儿，杰西卡和凯茜沿着那条小径回来了。我确实感觉到一种能量的转化。比起今天早晨，现在的杰西卡看起来有活力多了。她似乎非常兴奋，卸下了她一直背负着的重担，现在身轻如燕，好像能飘在空中似的。

"荡秋千玩得很开心啊。"等她们走到咖啡馆前，我说。

杰西卡点头微笑："是的，能改变人生的那种开心。"

她抬起双臂支在台子上，说："我们要去冲浪。"我之前从没听过她用这种语气说话。那种语气和她现在的状态一致，都充满了活力、生机和快乐。

"约翰，你来吗？"凯茜问。

"好啊。我刚才已经告诉艾玛我要去了。"我扫了一眼咖啡馆内部，"不过，如果需要有人看店，我也很高兴留下来。"

"不需要啦。"凯茜说。她走进咖啡馆，往前门走去，在收银台下面翻找一番后，她拽出了一个带挂绳的牌子。

"完美。"她说。

"那是什么？"我问。

"我们一个顾客送来的礼物。"她把牌子翻过来，之前它其实是一片椭圆形的漂流木，上面写着——店主休健康假中，稍后就回。

凯茜把牌子挂在前门上，有字的一面朝外，让来咖啡馆的客人能看到。

"什么叫'休健康假'？"返回厨房的时候我问她。

"你不觉得这个说法很妙吗？"她一边抹防晒霜一边解释，"这是一个客人教给我的。他说大多数人都用休病假这个说法，人们通常喜欢硬撑到底，病得不行才让自己休息一下。他们请假，从导致他们生病的忙碌工作中脱身，但养好病却是为了再次回到工作岗位上。

"他说，他最得意的感悟就是要时不时地给自己放一个'健康假'。不管什么时候，只要他的精力告诉他时候到了，他就'休个健康假'，去做他最享受的事。"

"确实很妙。"我说。然后我伸手拿过我的"原来如此"笔记本，飞快地记下内容：让自己时不时休个健康假。

凯茜冲着我的笔记本努了努嘴："今天记了什么好东西吗？"

"有啊。"

她把防晒霜扔给我，说："走，去冲浪吧。"

34

我走出洗手间，朝后门走去。杰西卡也刚从女洗手间出来。

"准备好去冲浪了？"我问她。

她微笑着说："当然了。还好今天早晨我把泳装扔进车里了，一开始我还觉得完全没必要，可我心里有一个声音反复对我说'拿上！'现在我知道为什么了。"

"完美。"我说。我今天早晨醒来的时候也有类似的感觉。当时我计划去骑单车，但是有个声音告诉我——带上你的泳裤。现在我也知道为什么了。

我走到咖啡馆后面，踏上沙滩，从竹餐桌边经过。艾玛和迈克已经在那儿了。迈克把五个冲浪板靠在一根树枝上。

"凯茜呢？"杰西卡问。

"她一会儿就来。"艾玛说，"她是个冲浪高手，所以翘一堂课也没关系。"

这时咖啡馆的后门开了。我看见凯茜还带了一个人。

"哇，好晃眼。"我说着举起手挡在眼前。一道强烈的阳光突然出现，让我几乎无法直视凯茜和她身边的那个人。

"确实好晃眼。"杰西卡说着，也抬手护住了眼睛。

"爸爸，那是……"艾玛开口说。

迈克面带微笑，在她面前弯下腰说："小椰子，你愿意教杰西卡冲浪吗？你先带她做陆上练习，我要去和我们的客人打个招呼，然后回来教她怎么下水。"

"没问题。"艾玛回答。迈克捏了捏她的脸蛋儿，吻了一下她的额头，说："谢谢你，小椰子。"

"爸爸，"迈克刚直起身，艾玛就开始叫他，"爸爸。"

迈克问："怎么了？"

艾玛示意他弯下腰。迈克俯下身，她就凑近他的耳朵，窃窃私语了几句。迈克笑了。"好。"他说。

然后艾玛就朝咖啡馆跑去。"我马上回来。"她回头喊了一句。

我遮着眼睛想看清她的身影。可光线太晃眼了。艾玛好像给了那个客人一个拥抱，但很难看清。就在我挤眼睛的时候，有那么一瞬间，我突然对那个客人产生了一种熟悉的感觉。接着光线又强了起来，我不得不闭上眼睛待了一会儿。

"杰西卡，这个是你的。"迈克说，"约翰，你试试这个吧。"

我转身面朝大海，不再看咖啡馆。迈克站在一排冲浪板旁，指着两个不同的冲浪板。

我和杰西卡向我们各自的冲浪板走去。

"杰西卡，你以前冲过浪吗？"迈克问。

"从来没有。"

"那么今天你会开始一场绝妙的体验。"

她笑了："已经开始了。"

迈克说："那更好了。我们先在海滩上学一些基础动作，比如怎么拿冲浪板。然后你再下水试试。艾玛的冲浪经验很丰富。我和凯茜也是。约翰的冲浪本事也不差。"

迈克说的没错。虽然我没有大量经验，但冲浪的次数也不算少。我从没告诉过他这些，还有许多其他事情，但他就是知道。

"好，现在拿住你的冲浪板……"迈克开始教她。

"爸爸！我来！我来！"艾玛气喘吁吁地喊道。

我们转过身，看见她正朝我们跑过来。

"我来教她。"

迈克说："那么接下来就交给我们的顶级小教练吧。"他拍拍艾玛的头。"有需要就叫我。过几分钟我再来海滩上找你们。"

于是迈克向咖啡馆走去。艾玛抓起她的冲浪板。

"杰西卡，你会爱上冲浪的！"她说，声音里充满了激动，"下水前我先带你了解一些基础知识吧，这很重要。"

艾玛把她的冲浪板放在沙滩上，说："好，大家都拿起自己的冲浪板，轻轻放在我旁边的沙滩上。"

我和杰西卡都把冲浪板放到沙滩上，面朝大海。

"冲浪的要点在于技巧和平衡，更在于节奏和精力。"她说，"我先给你们演示一下部分技巧，其他东西下水后再学。"

我不禁笑了。一个七岁的小姑娘在教比她大几十岁的成年人，态度如此自信大方，毫不胆怯，真是太惊人了。

接下来的二十分钟里，艾玛教了杰西卡冲浪的基础知识，包括如何拿冲浪板，如何冲过浪区，进入静水区，如何在浪来的时候从冲浪板上站起来，站起来之后双臂与双脚应该如何保持平衡，不可避免的情况下怎样摔倒才安全……

"人们最常犯的错误就是太早从板子上站起来。"艾玛说，"记住，当你感觉海浪的力量推着你往前走时，先继续划水！这个势头只是一个开始，精彩的在后面。当你有了感觉，把胳膊深深插到水中，好好地用力划三次水，然后再站起来，享受乘风破浪的感觉。

"要是你第一次感觉到那股力量的时候就着急站起来，你还远远没有到达海浪的中心。那时候你的重力大于浪的力量，会被浪甩在后面。"

"然后会怎样？"杰西卡问。

"然后你就错过了这道海浪。它会在你身下翻滚而过，把你抛到海浪的背侧。这很重要，因为你会失去一开始的精力。你必须往回划水，往海浪散开的地方追。如果当时的海浪太大，你就会耗费掉很多时间和精力。"

艾玛笑着跳了几下，然后说："你总不能划一天水，毕竟你是来冲浪的。"

这是个很好的建议。我第一次学冲浪的时候，没人教过我要额外划三下水。因此，我整个早晨都不断与海浪失之交臂，每次都得拼命划水，往海浪快破碎的地方游，最后累得筋疲力尽。

杰西卡笑了："好的，教练。我来复述一遍下水之后该怎么做吧，看看我说的对不对。首先，我要选择我的浪。选定之后，我趴在冲浪板上，用双臂调整自己和冲浪板的位置与方向，以便追浪。然后开始划水，时机到来时再用力划三下，接着我就可以站板乘浪了。"

艾玛满脸放光："就是这样！杰西卡，你已经完全掌握要领了。"

35

我笑了。自从上次来咖啡馆之后，我不知有多少次发现，多么微不足道的事情都可以以小见大。听艾玛教杰西卡冲浪，我再次意识到了这一点。

她分享的一切都是人生课程的一部分。

选择一道浪。

这就相当于选择你想去哪儿。这就是你的存在意义。用我自己的情况来说，它首先是我的人生五事，然后才是我的PFE。这样说是因为PFE对我来说太大了，我很难一开始就把它想明白。

调整好你和冲浪板的方向，去追浪。

这就是为了你想要的人生调整方向，比如说让你的想法、情绪和行动与你的本愿保持一致，总之，努力和你想要的人生保持一个方向。甚至包括真正动身去某个合适的地方，获得你想要的体验；或者把自己放进对的环境或人群中，这样一来，你就能获得最有可能成功的机会。

开始划水。

采取行动，开始冒险。尝试！我遇到过很多怀揣伟大梦想的人，但他们就是不肯为了实现梦想采取任何行动。

感觉到海浪的能量时，不要停，继续划水，直至入浪。

我常常见有人马上就要开始一段美妙的经历，但选择了放弃。他们因为恐惧挪不动脚步，或者变得懒惰，不愿为了实现梦想继续行动。浪就在眼前，他们只差一步之遥，却裹足不前。然后，他们得消耗许许多多的精力才能重新来过。

站板乘浪。

享受吧！如果你只是一直划水，人生一定会变得很无聊。你让自己的热情白白耗尽了。重点不是时刻为享受人生做好准备，而是去真真切切地享受人生，去驭浪前行。

答案就在眼前，如此简单，却又如此深刻。这些是一个七岁的孩子教给我的。

"好，"杰西卡说，"我准备好了。下海吧。"

"我们先练习一下。"艾玛指着沙滩上的冲浪板说。

"在沙滩上练习？"杰西卡惊讶地问。

"对啊。我们要在安全容易的环境中掌握技巧，比如沙滩。这里没有能把你从板子上掀下去的海浪。这样一来，等我们真正下海的时候，大家已经熟练掌握了冲浪的步骤，不会惊慌失措。好，大家都趴在冲浪板上，准备划水吧！"艾玛大声说着，趴在她的冲浪板上。

我微微一笑，也贴在我的板子上。"又是一节了不起的人生课程。"我想。

36

"大家都准备好了吗？"

说话的是迈克。他和凯茜都拿着冲浪板向我们走来。

"差不多了。"杰西卡答道，然后扭头问艾玛，"你能再给我演示一遍吗？"

"当然能了！"艾玛教杰西卡怎么在冲浪板上挺身站立，双臂和双腿怎样保持平衡。

"你已经做好准备了。"艾玛说，"下一站，海浪！"说完她在沙滩上跳了几步舞。

迈克把她拎起来，让她头朝下，说道："倒立冲浪。"艾玛哈哈大笑，身子扭来扭去。

"我还要，我还要。"迈克把她放下，她却嚷嚷起来，"再来一次。"

于是迈克又做了一次"倒立冲浪"，她笑得更开心了。

"好，"他第二次把她放到地上之后说，"我们出发吧！"

艾玛带头往大海方向走去。到了海边，她将脚绳的一头套在脚踝上，抱着冲浪板缓缓走入水中。

"你没事吧？"凯茜问杰西卡。

杰西卡正在试着套脚绳，看起来有点犹豫。

"五分钟之前，我们在那边站着的时候，我还感觉很好。"她回答。"当时，我很清楚自己已经做好了冲浪的准备。我甚至觉得应该一开始就下水练习。可是现在我们到了这儿，"杰西卡望着拍岸的海浪，"我的心脏狂跳。"

"恐惧和兴奋之间只有一念之差。"凯茜说,"有时候,人们太长时间没有尽情享受过心潮澎湃的生活,便忘记了两者的区别。"

"我不想摔倒。"杰西卡说。

"这是学习站起来的必经之路。"凯茜回答,同时把她的冲浪板放入水中,"别怕,我们会一直在你身边。"

凯茜瞟了我一眼,我给了她一个鼓励的微笑。

"你能行的,杰西卡。"我说。

"约翰,你有什么'原来如此'分享给她吗?"凯茜问。

我已经趴在冲浪板上开始轻轻划水。我微微侧过身,笑着说:"每个行家里手在发轫之始,都对他们精通之事一无所知。"

杰西卡笑了。她把冲浪板放进水里,趴在上面。"是时候成为冲浪行家了。"说着她便开始划水。

37

迈克和艾玛都是特别优秀的老师。他们先带杰西卡来到浅水区感受白色的浪花。迈克帮她扶着冲浪板，适时推了她一把。艾玛则一边冲浪一边在她身边关注她的动作是否正确，必要的时候还为她讲解。

杰西卡一开始的四次尝试都以摔倒告终。但是，在第五次尝试时，她终于站了起来，踏在冲浪板上一直冲到了岸边。这次冲浪其实不算精彩。她在板子上左摇右晃，左冲右突，有六七次都处于马上就要摔倒的状态，但她总算是完成了一次冲浪。

我们为她疯狂欢呼。

渐渐地，随着一道又一道浪花的练习，她越来越熟练，真的开始有了冲浪老手的架势。很快，她已经不需要迈克助推了。她已经知道如何把握进入海浪的时机，完全可以独立摸索。过了一会儿，她决定不和白浪花嬉戏了，而是挑战真正称得上是浪的小型海浪。

"她真得很棒！"艾玛兴奋地说。艾玛和杰西卡在几道小浪上停留了片刻。现在，她刚刚划出浪区，朝着凯茜、迈克和我所在的位置游过来。杰西卡还在靠近岸边的地方。

"艾玛，你真是一个优秀的教练。"我说，"你陪她一起在小型海浪上待了那么久，真是贴心。我听说你在大浪上冲浪也没问题，更觉得你是个好人。"

艾玛耸了耸肩："我爸爸就是这么教我的。"

"小椰子，你听我说，"迈克敲了敲艾玛的冲浪板说，"我去那边看看杰西卡怎么样，你可以和约翰、凯茜去大浪上玩一会儿。"

艾玛点了点头："好的。"

"你们能帮我照顾她吗？"他指着艾玛问我们。

"没问题，"我说，"反正我也是来这儿放松的。"

迈克点了点头，"有需要就叫我，小椰子。"随后他带着冲浪板向岸边的杰西卡游去。

"大浪要来了。"艾玛说。

我回头一看，确实有一组大浪正在逼近。

"你们上吧，"我笑着说，"我要休息休息肩膀。"

我坐在冲浪板上开始划水。凯茜也和我一样。艾玛则转过身开始划水。一道大浪冲到我们身下，有那么一会儿我们看不到艾玛的影子了。根据我的经验，她现在正疯狂地往浪的另一侧划水，很快我们就瞧见了她站在冲浪板上的英姿。

"她真的很棒。"我说。

凯茜说："她三岁的时候就和迈克一起冲浪了。四岁时就已经能站在白浪花上；五岁时，她已经开始挑战相当大的海浪了。"

"她一定特别热爱冲浪。"

"是啊。"

我向岸边望去，瞧见迈克正在杰西卡身边冲浪，问道："杰西卡怎么样了？"

凯茜笑道："你是说除了冲浪之外的事吗？"

我点了点头。

"她会想明白的。现在她正在和自己的心魔作斗争。她还需要时间，体会自己是什么样的人，想过什么样的人生，但她迟早会看清一切。"凯茜扭头问我，"你呢？你怎么样了？"

我伸展了一下双臂，说道："没什么特别的，不过，能走出困境，做着现在这些事情，我感觉很棒。这个频道非常好。

"这个什么？"

我笑了："这个频道非常好。"

她问："结合你刚才那句'走出困境'，这话该怎么理解？"

"有一天，我坐在一家咖啡馆的外面。当时，我差不多存够了再次出发旅行的钱，正在准备行李。我旁边的桌子上坐着两个人，他们正在聊这个世界上的糟糕事儿。

"他们指责政府无能，教育系统也有毛病，批判人们滥用失业福利，抱怨股市不景气……你能想到的他们都聊到了。不知怎的，我坐在那儿，脑中突然冒出来一个让我想要高喊'原来如此'的感悟。"

"你把它记在本子上了？"

我说："是啊。"

"这回的'原来如此'是什么？"

"你可以把人生看作一百个电视频道，有喜剧、戏剧、时事、厨艺秀、新闻、体育……总之，有许许多多的频道。有的频道你特别爱看，有的你一般喜欢看，还有三个频道你特别特别讨厌。它们无聊又低俗，你都不敢相信电视台竟然允许这类节目播出。

"我的感悟就是，很多人终其一生都在看他们特别讨厌的这三个频道。他们先是偶然换到这些频道，看了一会儿发现它们特别讨厌，从某种层面上说甚至有侮辱性，可是他们却非要跟其他人谈谈这几个频道。

"他们聊天的开场白是这样：'你听说了吗？……世上竟然出了这种事，或者那个人被抓了个现行……真是恶心，你觉得是吧？'他们聊这些，就是为了不断向自己证明这些频道有多糟糕……"

"他们会一直盯着这些频道看。"凯茜补充说。

我点了点头："没错！他们好像对这些节目着了迷，怎么都无法把视线从这三个讨厌的频道上挪开。他们不再看另外的九十七个频道；过段时间，他们完全不再惦记那九十七个频道；最后，他们彻底遗忘了那九十七个频道的存在。"

"这么说来，"凯茜指着太阳和大海说，"这是一个好频道。"

"好得不可思议，"我回答，"现在，就在这一刻，我相信世界上某个地方一定有人在做我厌恶的事。我可以集中注意力去想这件事有多卑鄙、多不公或者多自私，但是那样的话，我会错过眼前这一切。"

"所以你看到不喜欢的频道时会换台。"

"没错。神奇的是，过段时间，我就会忘掉那些频道的存在。之后我很少会换到这些频道，就好像它们已经被电视台撤下了。"

凯茜笑了："那些老是盯着三个讨厌的频道看的人，会对你这种选择怎么看？"

我说："我确实和他们聊过几次。他们说，如果没人关心这些丑恶的事，那么一切都不会改变。既然看见了，必须得有人站出来做点什么。"

"然后呢？"

我忍不住笑了："然后我问他们，他们为此做了什么？"

"这下他们有什么反应？"

我微笑着摇摇头："不太好的反应。我其实始终都保持着友善的态度和他们探讨这件事。我解释说，我看得出他们很有热情，认定有些人应该为此做点什么。所以我才问他们做了什么。"

"再然后呢？"

我摇了摇头说："我从来没碰上过一个人能告诉我，他真的为那些事采取了什么行动。他们只是谈论那些事有多糟糕、多不公。但是，没有一个人尝试去改变。"

"于是我说，我决定了，如果我不打算花时间去努力改变那些让我心生厌恶的事，那我还是别再关注它们了。这不代表我接受这些事，只是意味着我不在上面耗费精力，会选择看其他频道。"

"他们说什么？"

"大多数人会气恼地告诉我，'必须有人挺身而出做点事。'然后我就对他们微笑，让他们知道，我觉得他们就是率先挺身而出的完美人选，不过，要是他们决定不为之冲锋陷阵，我建议他们还是把那件事抛在脑后，把注意力放到别的事情上面。"

"然后他们怎么说？"

"通常他们会有点生气，说些刻薄话。一开始他们的话会让我有些不自在。不过，后来我有了一个新的'原来如此'感悟，就不会再介意了。"

38

凯茜大笑："这个新的'原来如此'是什么？"

"所有愤怒的根源都是恐惧。"

凯茜点了点头。

"我发现，要是在我们愤怒的时候自问一句'为什么？'，答案常常会落在恐惧上。也许你还会得出一系列别的回答，但这才是最终答案。

"比如说，有人看了一篇报道，上面说一个堕落的政客拿了贿赂，作为交换，他给行贿人批了新的施工许可证。这个人看报道的时候就开始生气，和别人聊到这事的时候更加愤怒。

"他围绕这个堕落的政客和世上许多腐败官员说个没完没了……一方面，他说的确实有道理，这个政客确实做了错事，应该批评；另一方面，这个看报道的人的反应已经超出了他个人与这件事的关系。"

"因为他害怕。"凯茜说。

"没错。他看到官员搞腐败的报道，内心深处其实燃起了恐惧的火苗。他害怕自己有一天需要施工许可证时无法拿到。那个堕落的政客会把许可证给行贿的人，他就无法建造自己心仪的房子了。

"他还担心会碰上更坏的事——无法拥有一座房子。如果没有房子，他就会无家可归。到时候，他饥肠辘辘，无片瓦遮身，也找不到工作；他的孩子会被社工带走……总之，他害怕的事还有许多许多。"

"他陷入了无边的恐惧，和最初引起恐惧的那件事已经不搭边儿了。"凯茜说。

我点了点头："这就是让我感慨的地方，也是我把它记在笔记本里的原因。我发现导致愤怒的，就是这些极不可能发生而且相当不理性的恐惧。我的愤怒也是如此。因此，现在每当我感到愤怒时，我会问自己——我现在在害怕什么？然后我会以快得不可思议的速度意识到，我的愤怒是一种无关的、非理性的恐惧引起的。于是我的愤怒就烟消云散了。"

凯茜笑了："这招总是这么管用吗？"

我笑着回答："一开始有点难。其实通常情况下，我都是和和气气的，但会有一些事真的会触到我的痛点，让我发火，因为我的这个感悟，我了解到愤怒的本质其实是恐惧。因此，我能理智地意识到，这种情绪不会对我有任何帮助，也不会有什么积极作用。但是，很奇怪，有时候我就是想……"

"就是想发火？"凯茜接了后半句。

我点了点头："对！就好像愤怒是种燃料似的。"

我耸了耸肩，大笑起来。

"你在笑什么？"

"有一次，我在泰国一个小机场停留，发生了一件对我有帮助的事情。我看到电视上正在放一个特别老的动画片。你看过《猫和老鼠》那种老动画片吗？汤姆猫的肩膀上，一边站着天使，另一边站着魔鬼，他们都在拼命劝汤姆猫听自己的，你还记得这样的情节吗？

"我意识到，想发火的感觉有点像这个情景。我热爱生活，渴望成长，想始终处于心流状态，我明白化解了愤怒和非理性的恐惧，才能产生真正的力量。这就是我一边肩膀上的天使。"

我笑着继续说："在我眼中，这个天使的形象应该是一个环游世界的小人，他无所畏惧，非常开明。"

凯茜大笑："另一边呢？"

"另一边肩膀上站着一个非常愤怒的小野人。他始终处于要么战斗要么逃跑的紧张状态，总怕突然发生什么不测，喜欢无限放大自己的恐惧。"

凯茜说："太有画面感了。聪明的小旅行家和愤怒的小野人开始了战斗。"

"不，战斗不会开始。"我说，"这就是我在一个'原来如此'中发现的另一个了不起的'原来如此'。我发觉，愤怒就是这个小野人的燃料。我也明白，他只是害怕而已。所以，聪明的小旅行家会告诉愤怒的小野人，一切都会没事的。过段时间他们就会成为朋友，一起环游世界，这恰恰是小野人真正想做却害怕做不成的事。"

凯茜笑得太厉害，我都有点担心她从冲浪板上掉下去。"你真是这样想通的？"她问。

我说："有时候，一个疯狂的法子才能解决疯狂的难题。一个人老是紧紧抓着非理性的愤怒不放，绝对算得上是疯狂了。"

"所以，遇上那些紧盯着三个讨厌的电视频道的人，你就用这个法子？"凯茜问，"你看穿了他们的愤怒，认为那其实是恐惧？"

我点了点头："是这样的。我能从完全不同的角度看待他们。他们就是害怕，这一点我看得很清楚。所以我努力向我那个友好聪明的小旅行家学习，告诉他们一切都会没事的。他们不会成为无家可归的流浪汉，也没有人会带走他们的孩子……一切都会没事的。"

"他们对此有什么反应？"

我耸了耸肩："大多数情况下，他们都觉得我是个疯子。不过这也没什么。我明白，归根结底，这个问题取决于一个简单的决定。如果你真的把过多的时间和精力投入到你想改变的事情上，那就去改变它吧。这么做很棒。这就是一部分人的PFE，也会是他们每天早上起床的动力。"

我顿了顿，接着说："但是如果你并没有那么投入，那最好还是把时间和精力放在看着顺眼而不是恼火的频道上吧。"

"懦夫一生死多次，勇者一生死一回。"凯茜说。

我不解地望着她。

"在过去相当长的一段时间里，每次听到这句话，我都会有和你一样的反应。"她说，"我小时候听过一次，觉得这句话没道理。后来有一天，我在咖啡馆里和一个顾客聊天，又听到了这句话。他讲了一个他非常困扰的新闻——人们滥用医疗保健制度获取免费治疗。

"就像你刚才说的，这事和他的日常生活基本没有关系，但是他就是感到恼火。他被自己潜在的恐惧控制住了。关于这条新闻，他想得越多，说得越多，就越生气。"

"他要死一千次？"我问。

她点了点头："没错，懦夫总是担心一切，生活在自己永恒的恐惧中。在这个客人脑中，他已经因为自己的想法死了千万次。但勇者知道，让自己的心智被失控的情绪控制是一件毫无意义的事。他只过自己想过的人生。"

她微笑着继续讲："或早或晚，人都会死。但勇者只经历一次死亡。"

39

凯茜、迈克、艾玛和我又花了好几个小时冲浪，冲到累了才上岸。我们准备休息一下，吃点东西，然后再下水。人们一旦发现让自己开心的事，就会不知不觉地投入多得吓人的时间。这一天简直是时光飞逝。

临近傍晚，太阳开始沉入地平线，天空被映成了一片鲜艳美丽的粉色。落日的余晖穿过云层，形成一道道仿佛柔软羽毛的光芒。风景正好，凡是目光所及之处，哪怕是天地尽头，也闪耀着这样的辉光。

我们都划出浪区，欣赏落日。

"我真不敢相信，我之前一直错过了这样的美景。"杰西卡说，"我以前太忙了，忙到没时间看日落。"

"在冲浪板上看日落就更美了，对吧？"迈克回应。

杰西卡说："是啊。"

我们都沉默了一会儿。温暖的微风拂面，耳畔传来海浪舔舐冲浪板边缘的声音，眼前是美得不可思议的落日……真是完美的时刻。

杰西卡发出一声兴奋的高呼，打破了安宁。"海龟！"她大叫，"看啊，一只海龟！"

我下意识地扫了一眼凯茜。第一次来这家咖啡馆的时候，她给我讲了一个绿海龟的故事。故事的主旨是：如果我们不小心，很有可能会把时间和精力消耗在无关紧要的事情上；当时机到来，我们终于能去做真正想做的事时，时间和精力又不够了。

如果我们不小心，最后体验到的人生经历会和我们原本想要的大相径庭。这些感悟都是凯茜观察一只绿海龟适应环境的过程中想到的。

　　那个故事改变了我的人生。咖啡馆那晚过后，几乎每天我脑中都会闪过那个故事。现在竟然有只绿海龟从我们身边游过！这简直是给完美的景色锦上添花。我看了一眼海龟，又看了一眼凯茜。她先是向我眨了眨眼，然后又向杰西卡和海龟点了点头。

　　海龟从水中露出头来，它刚好游到了杰西卡的冲浪板旁边。

　　"那是霍努霍努！"艾玛兴奋地说。

　　"霍努霍努？"杰西卡不解。

　　"霍努在夏威夷语中是海龟的意思。"迈克回答。

　　"看到他壳上那块小凸起了吗？"艾玛问，"我们经常碰见他。我给他起名叫霍努霍努。"

　　"真棒。"杰西卡说。那只海龟距离她只有几英尺，她目不转睛地盯着海龟看。

　　"过会儿让凯茜跟你讲一个关于绿海龟的好故事。"我对杰西卡说。

　　"真的吗？"她说着看了凯茜一眼。

凯茜笑了。"当然是真的，"她说，"回到海滩上我就给你讲。"

我们看了霍努霍努一会儿。他毫不费力地在水中游弋，当海浪运动的方向与他一致时，他就随之前行，相反时他就耐心等待。

"潮涨潮落，随势而动。"我轻声自言自语。

艾玛听到了，扭头问我："什么意思？"

"我在说海水的运动。"我解释道，"有时候海水推着你走，引领你向前，这就是涨潮时，这样的情况下你向前游毫不费力。但有时候海水逆着你走，把你往相反的方向拖拽。"

"就像你冲完浪想上岸的时候，"艾玛说，"先是一道浪托着你靠近岸边，它拍岸之后就会退向大海，水流会带着你一起往回走。"

"没错。"

"你为什么突然说这个？"

"我有时候会把想法说出声，提醒自己放轻松。我觉得人生就像海浪，也有许许多多的潮涨潮落。"

我瞟了一眼杰西卡，然后继续眺望夕阳："在落潮中，你会觉得哪儿都不对劲儿，觉得自己正在被拖走，离自己想去的地方越来越远。但涨潮的时刻总会来临。而且有时涨潮比其他时刻都更让人记忆深刻。"

我看着艾玛大笑："所以，当我感觉身处落潮，看不到出头之日的时候，我就这样安慰自己……"

"涨潮会来的。"杰西卡悄声说。

"没错。潮涨潮落，潮落潮涨。光是说说这句话，我的心绪就能平静下来。这句话提醒我，涨潮会来的。"

40

太阳快要落到地平线以下了。

"该回去了，小椰子。"

艾玛向迈克转过身去："我们可以再来两次冲浪吗？"

迈克笑着答应了。"那就再来两次。"他望着层层海浪，"第一道浪来了。"

一道大浪正在形成。迈克和艾玛双双掉转冲浪板，开始划水。

艾玛扭头看着我们喊："你们来吗？"

"我们冲下一道浪。"凯茜大声回答。

海浪经过我们身下，我听到艾玛和迈克成功站板乘浪时兴奋的大叫。

"准备好了吗？"凯茜问。又一道大浪慢慢形成，向我们扑来。

"你去吧。"我回答，"我要去追小点的浪。"

"我也是。"杰西卡说。

"一会儿沙滩上见。"凯茜回答。她开始划水。浪从我们身下涌过，过了一会儿，我们就瞧见凯茜站在冲浪板上，向岸边靠拢。

杰西卡扭过头来，眺望着大海。"今天真开心。"她说，"谢谢你今天早晨劝我留下。"

"不客气。"

我们两个都望着大海出了一会儿神。

"你知道吗，曾经有段时间，我打算放弃自己的人生，因为我不太喜欢自己的生活。"我开口说道。

"什么意思？"

"星期一我坐在办公室里，希望时钟能快进，赶紧跳到星期五。我甚至愿意每周放弃五天的生命，只过自己喜欢的那两天。"

我伸出双臂，说："现在我意识到我每天都可以很快乐，实在很难想象当时的日子我是怎么熬过来的。"

"你在你的游乐场上玩的时间越长，就越不想离开。"杰西卡说完笑了，"哎呀，我刚刚想到要在我的'原来如此'笔记本上写什么了。"

"写什么？"

"如果我每周都去一次海滩，我会一直记得我有多爱这种生活，然后就朝这个方向规划自己的人生。但是，要是我六个月都没涉足海滩，我根本就不知道自己错过了什么。于是，我的时间又会被那些我并不喜欢的东西填满。

"你的旅行生活大概就是这样吧？你记得自己有多喜爱旅行，这种记忆会化为动力，帮你撑过接下来一年的工作，直到你再次踏上旅途。"

我点头同意："是这样的。我还会为这份动力寻找助力。我旅行归来后，会洗出几百张照片，让它们提醒我过去那段冒险中最棒的回忆。打印店里有粘照片的东西，一面粘在照片背面，另一面可以贴在墙上。

"我在我住的地方贴了满墙照片。所以，无论我是在刷牙、拉伸放松，还是在吃早餐……我身边都充满了动力。

"当然了，有时候我周末也会来一次短途旅行。没必要非得等上一整年才去冒险。"

"我也想过你这种生活。"她微笑着说。

"你可以啊。"我回答，"有成千上万人过着你想要的那种生活，你为什么不加入他们呢？"

"我从来没这么想过。"

"此时此刻，有人在非洲观赏大象，有人在创业或者回大学深造，还有人决心多花时间陪陪自己的孩子……你也可以做这样的选择。"

"我也可以。"她喃喃地重复了一句。

"上次我来这家咖啡馆，凯茜给我算了一笔账，让我特别震惊。"我说。

"哦，真的吗？"

"真的。她给我算了一下，如果每天花 20 分钟在我不太关心的小事儿上，比如看垃圾邮件，我会浪费掉我生命中整整一年的时间。所以，我看看我能不能按照自己的想法给你算一笔账，给你一点启发。

"大多数人都会掉进一个陷阱。他们认为人生的目标就是挣钱、存钱，然后等到六十五岁退休了，去过自己想要的生活。人类的平均预期寿命大约是七十九岁。也就是说，如果你决定这样规划人生，你能获得十四年左右的美好生活。

"可是据我所知，最后那十四年并不全是人生的黄金时期。到了那个岁数，人会生病，出行的难度不小，身边的朋友还会相继去世……是的，六十五岁之后你的生活的确可以过上极其充实、有活力的生活。但是，现实往往不像广告里一张张欢乐无忧的面孔那样。年龄的增长确实会给你带来不便。"

"因此，我们现在就要行动起来。"杰西卡说。

我点了点头："没人能从你手中夺走你的今天。这一天，我们下海冲浪，玩得开心，聊得愉快，欣赏到了落日，还看到了绿海龟……这一天的记忆永远属于你，就像你已经把它存进了银行。不管你六十五岁之后发生了什么，这份记忆都会一直存在。

"就拿我自己来说，我发现这是个舍本求末的系统。大多数人都会担心自己未来的经济状况。所以，他们即便不喜欢目前的工作，也会努力打拼。他们放弃和爱人度假，放弃周末……这是为什么呢？为了有朝一日他们退休了，能把这些积累变成现金。

"现在我们用天数来计算一下。假设一切都按部就班，人们到了六十五岁，放下工作，开始做他们真正喜爱的事。现在，一周中原本是工作日的五天全部都属于他们自己了。这样一来，他们可以获得的天数是……五天乘以五十二周，再乘以十四年，等于……"

"我知道。"杰西卡说。

冲浪板打出了几朵水花，她在飞溅的水滴中完成了计算。"三千六百四十天。听起来挺多的啊。"她说。

"过会儿你就知道不多了。"我笑着说。

"如果你选择了一份你热爱且又能赚钱的工作，你能获得多少天呢？"

"比如冲浪？"她笑着说。

"此时此刻，在世界上某些地方，真的有人以冲浪为生。"我说，"还有成千上万人做着和冲浪相关的工作——你能想象到的各种工作，比如会计、平面设计、摄影、产品开发，甚至推广、营销等等。"

"这些人中也可以有我。"杰西卡说。

"可以有你、我，还有其他任何想做这类工作的人。"我说，"那么他们能得到多少天？"

杰西卡在的冲浪板上又溅起更多水滴。"我算算看，二十二岁到六十五岁之间……"

"其实是二十二岁到七十九岁。"我说，"这些人的工作表现非常优秀，他们退休之后也依然能得到回报。"

杰西卡重新算了一下："一万四千八百二十天！"

"是刚才那个数字的四倍。"我说，"所以你不必非要等到老了才开始享受人生。"

"那你为什么没有这么做？"杰西卡问道，"你是先工作一年才给自己放一年假。"

"对我来说，这是一个过程。首先，我要放下手头的一切，休假一年。接下来的一年交给工作，然后再去旅行一年。目前我采用的是这个方法。"我笑着解释，"我一直有点懒得去寻找完美的解决方案——那种能让我每隔一年去旅行，同时在工作年中也能收获巨大快乐的方案。不过，这次回到咖啡馆，我受到了一些启发。是时候给方案升级了。"

杰西卡笑了："世上有人在行动，这个人也可能是你。"

"是啊，这个人也可能是我。"

41

"刚才真是棒极了!"艾玛说,"你们看见我们上了那道大浪吗?"

迈克和她结束了冲浪,正往回划,准备再来一次。

"杰西卡,你想和我一起再冲一次浪吗?"艾玛问,"如果你想选小点的浪,我也可以陪你。"

杰西卡微笑着回答:"好啊,教练。到时候告诉我冲浪的时机。"

迈克拍了拍艾玛的冲浪板。"小椰子,冲浪之后,今晚你想不想来一次夏威夷风情野餐?我们可以在海滩上生一堆火,在室外吃。"

"好啊,好啊,好啊!"艾玛在她的冲浪板上兴奋地扭来扭去,"我能邀请索菲娅和图图吗?"

迈克说:"没问题,那咱们就准备六人份的晚餐。"

"你也会喜欢野餐,杰西卡。"艾玛说,"野餐特别好玩。我们可以烧烤、看星星,还能跳舞!"

杰西卡犹豫了。

"没事,你不用非得参加。"迈克说。

"不……我……我想参加。"她看着我,"今晚世界上肯定有人在开心地野餐，这个人也可以是我。"

我笑道："没错。也可以是你。"

"该掉头了。"艾玛说着拍了拍杰西卡的冲浪板。

杰西卡瞟了一眼向她们靠近的海浪。"明白，教练。"

艾玛和杰西卡一齐掉转冲浪板，开始划水。

"爸爸，一会儿海滩上见。"艾玛回头喊了一声。

"好。"迈克也高声回应，"告诉凯茜晚上要野餐。"

海浪从我们身下涌过，艾玛和杰西卡站上冲浪板，向海滩冲去，一路欢声笑语。

"迈克，你是怎么做到的？"我问，"你培养出一个与众不同的孩子。"

他笑了："谢谢夸奖。我之前提到过，这是一段特别棒的体验，但并非适合所有人。对某些人来说，人生中还有其他更符合自己PFE的冒险。不过，对我来说，这就是那场绝妙的冒险。"

"看到你和她在一起那么开心，很难想象这件事居然不适合所有人。"我回答。

迈克说："那也许是因为，你渐渐感觉到养育孩子也是你想要的冒险。"

我说："其实我从来没想过这种事。不过过去几年我开始动心思了。看到你和艾玛，我这方面的想法更强烈了。养育孩子就像你们表面上看起来的一样有趣吗？"

迈克点了点头："约翰，其实这和生命中的大多数事情一样，你想让它多有趣，它就能多有趣。我在做爸爸之前，对于自己想成为什么样的父亲有着清醒的认识。那些认识对我起到了非常好的指导作用。"

"比如说？"

"首先，我知道，婴儿一降生就有他们自己的意志。尽管完全拥有艾玛这个想法很诱人，但我无比清楚地知道一个真理，那就是她只属于她自己。她有自己的意志和人生道路。她来到这个世界上，等待着她的是她自己的征途。"

他耸了耸肩："我不知道这在你看来是否说得通，毕竟我在亲身经历之前，都未必相信这些道理。我是这样想的，她是我的孩子，在必要情况下，我能立刻为她献出生命；但同时，我并不拥有她。我能照顾她、守候她，这本身就是一份珍贵的礼物。"

"你会教育她吗？"我问。

"有时候会。"迈克回答，"我们大家都有想分享的东西，所以，是的，有时候我会变成她的老师。她也常常做我的老师，不比我教她的时候少。"

42

"真的吗？"我说，"这我可从来没想过。"

"只要你能接受，孩子当然能当你的老师。"他解释道，"你需要放下架子。你可能觉得，从自我意识、文化和社会环境来看，父母知道的就是比孩子多。想想社会上依然存在的某些说法，你就知道了。"

"大人说话，小孩少插嘴。"我首先想到了这句话，便脱口而出。

迈克点了点头："这个例子不错。这句话暗示孩子的意见和想法不如成年人的重要。这其实大错特错。如果你愿意把和孩子互动当成两个独立的人的交流，或者更进一步，当成两个独立的灵魂相互了解的过程，那么，你会发现自己有许许多多可以分享和学习的东西。"

他微笑着说："艾玛五岁时，我带她去非洲。她是一个不喜欢突发情况的孩子。我们在海滩上，如果我说我们得立即离开，她就会感觉有点糟糕。她会觉得紧张，会做出相应的反应。不过，如果我告诉她，我们再过五分钟离开，那她会捡起自己的玩具，做好准备离开。"

"我完全理解，"我说，"我也不喜欢突发情况。"

"我也是。"迈克接着说，"你也许觉得这是遗传。但我不认为是这样，我觉得她生来就是这种性格，她能感知到能量，不喜欢压力。"

"总之，"迈克继续说，"因为我知道她不喜欢突发情况，便提前告诉她，我们要去非洲，去之前得打几种预防针。这次，我提前告诉她却完全起了反效果。她不喜欢打针，于是跟我说她不想去非洲。"

"后来呢？"

他笑了："后来我们两个都从对方身上学到了东西。她说不想去的时候，我心中立即闪过想发火的念头。"

"你？发火？"我吃惊地问。

"其实我们很多人身上都有老一辈家长教育子女

的烙印。"迈克回答，"不过，只要认清那些方法的本质就好。它们不是真理，也不合情理，只不过因为我们幼年时期经历过那样的教育，或者我们在别的什么地方见到过别人使用，这才在潜意识里为它留了个位置。"

"你冒出发火的念头时在怕什么？"我问迈克。

"观察力真棒。"他微笑着回答，"这是你那个'原来如此'笔记本里的感悟吧。你说的没错，所有愤怒的根源都是恐惧。我短暂的怒火是因为害怕我们去不了非洲。"

"那你后来怎么做的？"

"生活中遇到这样的情况，你必须做个决断。我可以选择做个独断专横的家长，教训她一顿。我可以不去多想，直接大发雷霆，让我的恐惧在生活中释放……"

迈克突然变了语气，就好像他真的生气了一样："你知道能去非洲旅行的机会多珍贵吗？有多少你这么大的孩子能去那儿看动物呢？你竟然抱怨说不想去！好，那咱们不去非洲了！你干脆也别看你最喜欢的动物节目了……"

"我知道你是在假装生气，但这话确实让人不舒服。"我说。

他点了点头："我知道。不过，我以前想象自己当父亲时，就做过一个决定，绝对不要成为那样的父亲。"

"那后来你是怎么做的？"

"艾玛说她不想去，我把她抱起来放到我腿上抱着她。我用平静的语气轻轻告诉她，我理解她，我也不喜欢打针。然后，我用一个冒险家的语气劝她，说她也是一个冒险家，不能因小失大。

"打针虽然一点都不好玩，可花的时间也不长。五分钟就打完了。是的，你的胳膊会有点疼。但是，你就要去非洲了，只要你走出医院，买个冰激凌庆祝一下，胳膊就不会那么疼了。

"重点是，你能去非洲跟动物亲密接触，相比之下，打针是一件微不足道的小事。"

"你就是这么跟她说的？"我问。

"是的。然后我又问她怎么想。"

"她同意打预防针了？"我问。

他点了点头："顺便一提，在人与人之前的所有互动中，我们也面临着同样的决定。不管是家长和孩子、两个成年人还是老板与员工之间……每一天，每一刻，我们都可以选择通过高速公路和他人建立沟通，从他人的角度想问题。我们也可以让恐惧转化为愤怒，用恫吓和蛮力达到我们的目的。"

"然后你们成功去了非洲。"我说。

"对，在非洲的时候，艾玛也给我上了一堂一模一样的课。"迈克说。

我大笑："真的吗？"

他说："嗯，我们在那儿度过了一段不可思议的时光。不过有一天，我开了一天的车，实在是累了。当时我们已经在非常危险和颠簸的路上行驶了五个小时。当我们终于到达那个偏远的露营地，我发现那里远比我预想的荒凉，几乎什么都没有。

"天色暗下来，我担心夜幕降临之前不能把帐篷支好。另外，我原以为这个地方可以买到吃的，但没想到那儿根本没有商店。尽管我们带的露营装备很齐全，我还是隐约担心我找不到东西给艾玛吃。

"接着，我开始支帐篷，但是撑杆无法对齐，帐篷连着倒了三次。我感觉很受打击，我受够了。那一刻……我站在原地，深呼吸了几次，想理智客观地对待眼前的情况。艾玛走过来，伸出双臂，抱住了我的双腿。

"她看出来我特别灰心丧气，便来问我还好吗。我告诉她，我只是怎么都支不好帐篷。

"'可是，爸爸。'她稚嫩的声音中充满了热情，'你不能因小失大。支帐篷是件小事，来非洲才是大事。帐篷会支起来的，我们来到遥远的非洲，看到各种动物，应该心怀感激。能这么做的人可不算多，此时此刻，我们就在这里。'"

迈克大笑着摇了摇头："她的这番话说得非常完美，但让我感慨的并非这一点，而是她说话的方式，她摆事实，讲道理，言语间充满了关爱、热情和智慧。这些话出自一个五岁小孩之口，非常了不起。于是，我把她抱起来转了十几圈，然后又转了十几圈，因为她不停地说'我还要，我还要。'"

"后来你把帐篷支起来了？"我笑着说。

"是啊，不仅帐篷支起来了，我们还找到了食物，睡得很好，第二天继续冒险。"迈克回答。

"很难想象你灰心生气的样子。"我说，"在我看来，你总是很平静，就好像没什么事情能惹火你一样。"

"我想你说的应该是我状态最好、最真诚的时候。我想每时每刻都保持那个状态，我也尽了自己的最大努力，尽量经常投入到那个状态中。"

迈克耸了耸肩："但有时候，我不在最佳状态，就会不开心。我会有意识地缩短不佳状态的时间。"

"你是怎么做到的呢？"

"超然于那种状态之外，做一个观察者，而不是沉浸其中，不要当局内人。"

43

艾玛和杰西卡踏上海滩，朝咖啡馆走去。太阳已经完全沉到地平线之下，云层中的粉色光芒逐渐褪去。

杰西卡转身眺望大海。"艾玛，谢谢你。"她微笑着说，"今天是我人生中最棒的一天。"

"太好了！你明天可以再来，我们再玩一天。"

杰西卡大笑起来。原来一切都是那么清楚明白。

"做你喜欢做的事，不做不喜欢的事。"艾玛说，

"这就是我爸爸教给我的，特别有道理。既然你喜欢冲浪，那就继续冲浪。"

"教练，好提议。"杰西卡回答，眺望着美丽的天空和大海，"还有别的冲浪智慧能分享给我吗？"

艾玛想了一分钟，说："嗯，你是冲浪新手，应该记住这一点。小时候爸爸教过我这么一句话，我一直记着。"

杰西卡自顾自地乐起来。听一个七岁的孩子说自己"小时候"怎样怎样，实在有趣。

"你说吧。"杰西卡说。

"好。这句话是三个词，每一个词中的字母都代表一样事物。它们组成句子有语法错误，不过不要紧。句子只是帮助记忆的一个方法。这几个词是——I a sage."

"我一个贤人？"

"嗯。我爸爸第一次告诉我的时候，我也不明白。但他给我解释说，贤人就是有智慧的人。这样一说我就有点懂了，因为如果你记住这些东西，就能从中获得很多帮助，然后你就能变成非常有智慧的人了。"

杰西卡问："那这句'I a sage'到底是什么意思呢？"

"其中的'I'代表直觉（intuition）。了不起的冲浪人靠自己直觉选择某一道浪，针对不同的情况做出不同的判断。他们与浪共舞，而不是与浪相隔。有些新接触冲浪的人就完全不会使用自己的直觉。他们非常担心，这一步要做什么，下一步该怎么办，但担心没用，他们还是会摔倒！"

杰西卡大笑："明白了。原来'I'是这个意思。"

"'a'代表永远会有另一道（another）浪等着你。我爸爸说，如果你错过一道浪就抓狂，那么你坐着抓狂的时候，又会错过两道浪。如果你错过一道特别好的浪，可以欣赏它，为看到这样的浪而感到开心。别把时间都花在后悔上。海上永远会有另一道浪等着你。"

"永远会有下一道浪等着我。"杰西卡明白了。

"'s'代表从小（small）浪练起，打牢基础，稳中求进步。"

"就像你今天教给我的一样。"杰西卡说。

"哈哈，爸爸就是让我从白浪花开始练的。我在那种浪里练了很久，后来觉得有点无聊，便想试试真正的海浪。于是他教我在小点的海浪上尝试。再后来，这种浪我也冲腻了。现在我会选大一些的浪冲。总有一天我要冲桶状巨浪……虽然现在还没试过。"

杰西卡说："桶状巨浪确实很壮观。我无法想象待在那个圆形的小空间里，被海浪劈头盖脸砸过来是什么感觉。不知道需要多少勇气和自控力，才能稳稳站在冲浪板上，乘风破浪，扑向自由。"

艾玛点了点头："那种浪确实很壮观，所以我才想冲过去，我就是想驾驭那样的海浪。我见过一些尝试得太早，最后被虐得很惨的大人。后来他们就失去了再次尝试的勇气。可他们其实年纪不大！"

杰西卡微笑着听艾玛说话。

"另一个'a'代表问（ask）。我和我的朋友索菲娅经常这么做。我们会留心那些优秀的冲浪人，找机会向他们咨询建议。"

"他们会帮你吗？"

"不是每个人都会帮。有的人就不理我们，不过大多数人都很客气。"她耸耸肩，"不能因小失大。有些人态度恶劣只是一件小事。我一开始还感觉很难受，但现在遇上这种事，我会转身再去问别人。驾驭大浪才是大事。我们可不想因为几个人的坏脾气就错过这件大事。"

"明白了，那'g'代表什么？"

"咱们能把'g'留到最后讲吗？因为它是我的最爱。"

杰西卡微笑着说："好，那就最后再讲。'e'代表什么呢？"

"每个（Every）厉害的冲浪人都经历过不知怎么站上冲浪板的时期。你看到那么多优秀的冲浪人，真的很难相信这一点。可这是真的。他们刚开始学的时候，都不知道该怎么站板。所以，如果他们能学得这么好，我也能。"

杰西卡点了点头。这番话让她想起约翰说的关于行家的话。"好的，教练，接下来说你最喜欢的那个吧？"

艾玛大喊："'g'。毁掉冲浪日的唯一方法，就是不行动（go）！所以，一定要行动起来！"说完她开心地跳了几步舞。

杰西卡大笑。

"你也可以和我一样，跳几步开心之舞。"艾玛说，"我管这叫'冲浪步'。你不用把所有步子都跳对，差不多就行。"

杰西卡踮起脚尖，可是和艾玛灵动自如的脚步相比，她觉得自己的动作十分笨拙。"管他呢，跳吧。"她鼓励自己，"管他呢，跳吧！"接下来的几分钟，她放飞自我，完全不管自己跳得如何，毫不费力地跟随艾玛跳起了这种冲浪步。

44

天色很快黯淡下来。不久天就黑了。

迈克看了一眼朦胧的地平线。"该进去了。"他说。

他说得对。我深深感到他的话里蕴含着十分重要的道理，就是那番要做自己的观察者、不要当局内人的话。

"不如举个观察者的简单例子吧？"我问，"咱们追上一道浪，往岸边冲。我觉得你一定有精彩的故事可讲。"

迈克俯在冲浪板上，溅起一些水花。他说："好吧，讲一个简单的故事。虽然那次说不上特别精彩，但也足够收录进我的'原来如此'笔记本了。"

"我和艾玛旅行的时候，在澳大利亚租了一辆野营车，晚上可以在车上过夜。这是一个实验。我们有过许多次野营经验，感觉一直都很不错。于是，我们想试试在车上睡觉。这似乎是个有趣的点子。但是这对有的人来说完全没问题……"

"但是对你们俩来说行不通？"我问。

他点了点头："是啊，我们俩不行。真是太难入睡了。我不知道为什么，可能是车内空间狭小，布局又不太合理。最糟糕的是，我们俩都半夜醒了，都想上厕所。"

"这确实有点麻烦。"我说。

"这样一来，我们俩都得离开野营车。大半夜的，我们却要走着去厕所区。"迈克说，"我们经常在旅行途中凑合着解决问题，可是不知为什么，这回就是不能凑合了。"

"发生了什么？"

"艾玛一直都像个坚强的小士兵，从不抱怨，总是保持着积极的心态。可是，连续三周都在半夜醒来步行去上厕所之后，她崩溃了。那天她凌晨两点醒来，不管我怎么安慰她，她都大哭不止，声音很大，非常大。

"我在拥挤狭小的车内搜寻了一番，终于找到了她的鞋，赶紧帮她穿上。她还是不停地哭，我在这哭声中疯狂地寻找自己的鞋，找到后也赶紧穿上。我终于把她抱起来，走了五分钟才到厕所区。整个过程中她都在放声大哭。"

说到这儿，他摇了摇头："我们泊车过夜的地方还住着不少人，大家都是自驾旅行的游客。如果有人高声喧哗，把你半夜吵醒，你肯定觉得特别烦躁。

"所以我很清楚，现在是半夜两点，放声大哭的艾玛一定会把大家都从睡梦中吵醒的。"

我点了点头："然后呢？"

"然后我们进了厕所，我觉得这下她该消停了。可她偏不。这完全不像平时的她，不停地抱怨，失控一般大哭。"

迈克摇了摇头："接下来我做了一件不想做的事，因为我觉得那样等于开了一个坏习惯的先例。可是我太担心她吵醒营地里其他人，为了让她马上停止大哭，我威胁要把她心爱的玩具没收。我的声音变得非常低沉，语气近乎命令。我告诉她，要是她再哭，第二天就别想玩最喜欢的那个玩具了。"

"这招管用了吗？"我问。

"一点都不管用，她哭得更大声了。"迈克耸了耸肩，"于是我说，要是她还哭，第二天我就不带她去动物保护区玩了。那儿是她一周以来一直想去的地方。"

"然后呢？"

"听到我这么说，她哭得越发大声了。"

迈克的冲浪板上溅起一些水花。他摇了摇头："当时我处在最糟糕的状态。我觉得那个人不是我，也不是我想当的那种爸爸。"

"后来怎么样了？"我问。

"我看见她了。"

我困惑地看着他："什么意思？"

"那一刻好像一个不知何处得来的礼物，蕴含着强大的力量，让人有种不真实感……进了厕所之后，我把她抱到马桶上。她累坏了，我担心她栽下来，于是，我跪在她身前扶着她。

"就在那时我告诉她，我不带她去动物保护区了。可就在我对她说话的时候，发生了一件事。那些话说出口的同时，我自己也听见了那些话，就像别人在说话一样。我不仅是那个情景中的一部分，还是情景之外的观察者。"

迈克微微摇了摇头。"作为一个观察者……"他顿住了。我明白，他的记忆太真实，情绪太激烈。过了一会儿，他才再次开口，因为喉头有些哽噎，他不得不又等了片刻。

最后，他望着我，克制地微笑了一下，说："作为观察者，我看见了一个小人。她如此疲惫，却又如此勇敢，总是抱着积极的态度。我看见了她的灵魂，她的精神，也感觉到了她的痛苦。我从来不知道自己心里还有这样一个角落。我的心似乎在不断膨胀，快要爆裂开来。"

"你是怎么做的？"

"我把她小脸蛋上的眼泪抹去，让她靠在我的肩膀上，安慰她说，没关系，一切都会好起来。我告诉她，爸爸在这儿呢，一切都会好起来。我发现自己刚才就是个傻瓜。当时我太担心营地里的其他人，却忘了世界上对我最重要的那个人。

"她伸出双臂，环住我的脖子，我把她的小睡衣提起来。然后，我用尽心中的每一份同情和怜悯将她抱在胸口，轻声在她耳边说我爱她，说她是我的女儿我有多开心。"

说到这儿，迈克抹掉眼角的一滴泪。"我永远不会忘记那次经历。"他说，"在那之前，我以为自己是个好父亲。那天晚上的经历变成了一股动力，让我打心底想努力始终做个好父亲，让我时时挑战自己，加强我与更好的那个我之间的联系。"

"做你自己的参与者，同时也是观察者。"我补充道。

他点了点头："没错。我愿意在开口之前多思考哪怕一微秒吗？尤其是在沮丧或愤怒的时候，我愿意多想想一句话出口之后造成的影响吗？因为我既是观察者，又是局内人，我能否立刻推演出事情的发展走向，然后调整自己在其中发挥的作用？"

他笑了笑："这是一个人送给自己的一份不可思议的礼物，也就是认识到你不仅仅代表着自己的躯壳，还代表着眼下住在你的躯壳中的灵魂。有了这样的认识，生命中的许多恐惧、愤怒、焦虑和沮丧都能消除。这些都是露营地那晚艾玛教给我的。"

45

我和迈克挑了一道海浪，完成了这天晚上最后一次冲浪。我们到达海滩时，艾玛从小路上飞奔过来迎接我们。她冲到迈克面前，张开双臂抱住他的双腿，说："嗨，爸爸。"

他放下冲浪板，把她抱起来，在她脸颊上吻了一下，然后把她举过头顶，让她坐在自己背上，抓着她的脚腕开始转圈。"艾玛在哪里？"他说，就好像不知道她就在背上一样，"真的，约翰，你看见她了吗？她刚刚还在这儿呢。艾玛！艾玛！"他假装焦急地大喊。

艾玛咯咯笑个不停。"我就在你背后呢。"

迈克把她拉到自己肩头坐着，这样一来，她就又在他身前了。"啊，原来你在这儿呢。我刚才都找不到你了。"

艾玛双手捂着脸哈哈大笑。"我们已经把火生起来了，索菲娅和图图马上就来，野餐准备开始啦！"

"该开饭了。"迈克笑着说。

他拾起冲浪板，我们俩都动身朝咖啡馆走去。路上我忍不住想，他在露营地做出的选择，他每次与艾玛互动时做出的选择，共同制造出我见证的一幕又一幕温馨的场景。

46

我和迈克一言不发地走了一会儿。

"除了你在露营地的经历,"我说,"你觉得自己作为一个爸爸,做过的最棒的决定是什么?"

迈克愣了一下,思考良久,最后说:"是艾玛出生那天,我决定永远不对她大吼大叫。"

"真的吗?"我问。多年来我见过许多父母对孩子大吼大叫,就好像这是养育孩子的必要手段一样。

"你要是没有自己的孩子,恐怕经常注意到那种情况了。"他说。

我这才意识到他看穿了我的想法。

"很多人都是自己选择这样对待孩子的。"他补充说。

"你不是这样选择的?"

"是的。艾玛出生的时候,我就在她身边。我抱了她,给她洗澡,还摸了摸她的小脑袋。"他微笑着说，"当时她只有一个椰子那么大。好小，好柔弱，又那么真实地存在着。我刚把她抱到手上，她就睁开眼，平静地看着我，就好像洞悉了宇宙的一切秘密。就是那一刻，我决定，我永远不会对她抬高嗓门，永远不会吼她。"

"后来呢？"

"她现在七岁了。我从来没对她吼过，以后也不会。"

"要是她做错了事，你怎么办？"不吼孩子这个主意对我来说很陌生，我很难想象没有这种行为要怎样带孩子。

"我们根据自己的定义来判断哪些行为是可以接受的。她出生的那天，我把自己定位成一个永远不对孩子大声呵斥的父亲。因此，要是我呵斥她，那就不符合我的个性，无法与我的身份保持一致。"

我费解地看着迈克。

"这么想吧，"他说，"如果你把自己定义为一个冒险家，却永远不出门，你觉得这是正常还是反常？"

我笑了："反常。"

"对啊。如果有人非要强迫你待在你自己家里，那肯定不对，不论是情绪上、生理上还是理性上，都不对。你把自己定义为冒险家，就意味着你要外出冒险。那么，总是待在家里是不可接受的，你会拒绝做出那样的行为。"

"我明白了。"我回答，"既然你把自己定义为一个不会对孩子大吼大叫的父亲，那么如果你吼了艾玛，感觉就不对劲了。"

"没错。"他点了点头，"宇宙常常考验你对这类定义的信念。"

"怎么考验？"

"比如说，有一天接连发生了十几件意料之外的麻烦事，我身心俱疲，压力倍增。这时天色已晚，我满脑子想的都是晚上要处理的事情，还有明天白天的准备工作……这时我的孩子还想玩，就是不肯刷牙。"

"那你会想大吼大叫？"

"确实会。我会感到压力激增，焦虑不安。同时，我心里知道怎样可以快速解决当前的问题。只要尽可能大声地命令身边的人，就可以成功地让他们按我的想法做事。"

"但你不会这么做。"

他摇了摇头："如果真按我自己的定义来，我就不会那样做。约翰，你明白了吧，如果你愿意退出当时的情景观察，你就会发现一切紧张焦虑都来自自身内部。我们之前聊到过，这种方法能改变一切。"

"怎么改变呢？"

"对于新手来说，用这种法子，你会发现自己的紧张和沮丧与别人肯不肯刷牙毫无关系。你这是要向一个无辜的人宣泄你的愤怒，这不公平。如果你决意向谁发火，就应该针对那个惹你生气的人。要让怒火烧向那个真正惹你发怒的人。

"不要把气撒在刚好在场的人、或者你明知道比你弱小的人身上。"他停顿了片刻，"尤其不要因为你知道对方会原谅你，就把气撒到那人身上。"

我点了点头。这个道理很深刻。我常常看见有人迁怒自己的家人，可实际上他的家人并没有惹他生气。

"还有，"迈克继续说，"当你把自己定义为一个不大吼大叫的人，呵斥别人的冲动在你体内累积时，你就会感觉很别扭。"

"就好像一个冒险家老是不出门一样。"我补充道。

"没错。就拿我自己的例子来说，我开始有向艾玛喊叫的冲动时，我感觉到一股更强大的力量对我说，'你不是这样的人。你选择做一个不对她大吼大叫的父亲'。

"因此，喊出来的话我会感觉更加别扭，所以我不喊。做出那个选择的记忆，还有我悟到的事情，都能让我平静下来。这种方法有利于你正确地看待事物，让你成为你之前选择去做的那个人，而不会被文化或行为条件影响。

"它能让你保留一份清醒，以局外人的身份观察当时的情景。哪怕只有短暂的几秒，你也会更加清楚真正的你会如何应对，然后，你就能用全新的心态处理这件事了。"

我轻轻摇了摇头："迈克，可能我是第一次听说这个方法，觉得有些复杂。"

他点了点头："我理解。不过，你想想这个方法的最基本步骤，就会觉得它特别简单。首先，你先给自己下个定义，确定自己是个什么样的人；然后，你让自己跳出当时的情景，同时从局内人和观察者两个角度看待人生。这只需要一秒钟，甚至连一秒钟都不用。然后，你就可以进一步行动了。"

"这管用吗？"

他大笑："在最煎熬的时候都管用。"

迈克转向我："约翰，我再给你讲一个我的想法，供你参考。假设你把什么人请到自己家做客，你会因为生另外一个人的气，而对你的客人大吼大叫吗？"

我哈哈大笑："那恐怕他再也不会来我家做客了。"

"是啊。可是人们总是不自觉做出这类事情。他们把自己珍爱的人邀请到自己的生命里，这比把人邀请到家中做客更重大。结果他们却拿这些本该好好珍惜的人当撒气桶。"

我摇了摇头："我从没这么想过。不过，你说得对。我见过有的人跟他们的伴侣、孩子、甚至最亲密的朋友说话时态度非常恶劣，可他们永远不会那样对待客人。"

我们差不多已经走到篝火边。迈克把他的冲浪板立了起来，过了片刻说道："一旦我们意识到这种行为愚蠢又疯狂，我们可以选择停止。艾玛给我的几样最珍贵的礼物，就是我们刚刚聊的几堂人生课。它们不仅适合家长和孩子之间的关系，还适合人与人之间的所有互动。"

他再次拿起冲浪板。"那边有水管和淋浴，"他指着一处低矮的热带树丛说，"要不我们抓紧时间冲洗一下，赶紧去和大家一起吃饭吧。"

于是，我拿着我的冲浪板往淋浴区走去。"他说的没错。"我想。我之前一直以为我们聊的是迈克和艾玛——父母和子女之间的互动。现在看来，这些道理同样适用于家长和孩子之外的许多关系。

是时候去拿我的"原来如此"笔记本了。我想赶快把这些记下来。

47

"你们回来啦！"

我和迈克把自己和冲浪板都冲洗干净。他走进咖啡馆，去看看艾玛和凯茜在忙什么。我则向海滩上的篝火走去。

杰西卡坐在沙地上，背靠一块硕大的火山岩。她们找来很多大石头，摆成一个圈。岩石圈的中央，一小簇篝火正在噼里啪啦响。

杰西卡微笑着说："我们还以为你们俩要玩夜间冲浪呢。"

我也笑了："没有，下次再说吧。我们只是在海里聊了会儿天，没想到时间过得这么快。"

杰西卡说："我明白你的感觉。来这里的人似乎都会有这种感觉。"

我在她旁边坐下，说："你看起来很快乐，很满足。"

她点头同意："我不知道该怎么形容，只是感觉轻松了一些，感觉……"

"感觉人生本该如此？"我接着她的话说下去。

她点了点头："是啊，今天之前的我好像被困在一个盒子里，不知道如何逃出去。现在盒子消失了，我反倒觉得盒子从一开始就不存在。只是我以为它存在。这么长时间以来，我让自己深信这盒子真实存在，于是它在我心里变成了真的。现在它消失了。"

她问我："这种感觉说得通吗？"

"这感觉和我第一次来咖啡馆的时候非常相似。我在那儿待了一整晚，早晨离开时，有种恍然大悟的感觉。"我耸了耸肩，"我甚至不知道自己到底悟到了什么，但就是觉得看事情更清楚明白了。就像你说的一样，感觉轻松了些。"

"这种感觉持续的时间长吗？"她问，"我有点害怕这感觉持续下去。因为感觉太好，万一它消失……我知道自己肯定会特别难过。"

"诗人一定会说，感受之后再失去，也比从未感受过好。"我大笑着说，"不过我可不像诗人。我来说说自己的情况吧。我第一次来到这儿，凯茜向我解释过这种感觉——它就像看到了一张藏宝图，知道了标识着藏宝地点的×在哪儿。你看到它的一瞬间就明白了，原来你一直都知道它在那儿。"

"这是件好事，"杰西卡说，"对吗？"

"这是……"我话说到一半犹豫了。

"这是什么？"她问。

"这是件好事。确切地说，这是件很棒的事。"我着重强调了一下，"你陆续得到一个又一个'原来如此'的感悟，渐渐明白人生的真谛，开始从完全不同的视角看待人生。你踏上一场又一场与你的PFE和人生五事一致的冒险，开始用你以前无法想象的方式体验人生。

"总会有那么一天，你发现自己要拼命回想，才能记起过去的日子——过去，你感觉自己在盒子里，你把这个世界视为重重障碍，而非充满无限可能的游乐场。"

　　"真是不可思议。"杰西卡说，"那你刚才为什么支支吾吾的？"

　　"因为一旦到了那一天，你就会不甘于接受盒中的人生。"

　　"我确实不想接受盒中人生，我想要现在这种感觉。"她强调说。

　　我点了点头，微笑着说："我理解。不过你要明白，有时候这是要付出代价的，这很重要。"

　　她疑惑地问我："什么代价？"

　　我再次耸了耸肩："我只能告诉你我的经历，供你参考。我发现，一旦我开始改变，我和一些朋友的关系就变了味儿。我和有些家庭成员的关系也变得不对劲儿了。"

　　"怎么会这样？"

　　"我发现有的人更喜欢盒子里的那个我。因为他们只认识那个我，和那个我相处他们才觉得舒服。他们想结交跟自己世界观相仿的人。当我的世界观发生了改变，他们就感觉受到了威胁。"

"然后怎样？"

"一开始，他们会通过一些小事，努力把我重新装进盒子，比如说，他们会抱怨世界上的事情多么不公，老板是个混蛋，或者拉着我没完没了地聊他们在新闻上看到的悲剧、时下热议的明星绯闻。"

"可你已经变了。"杰西卡说。

"是啊，我已经不是原来的我了，不想再被负能量围绕。他们想怎样，我没有意见，那是他们的选择。可我发现，一旦我走出盒子，见到了广阔天地，就产生了接纳新友谊、新亲密关系的空间，想结识与现在的我更相仿的人，和我渴望能成为的那种人。

"我决定，我要开心地做自己，绝不做别人眼中的那个我，不在'挺好'的状态中继续凑合。"

杰西卡点了点头："这是个好决定。还是做自己更自在些。这才是你。"

"是的。不过我得告诉你，并非人人都能接受坚持自我的人。"

"真的吗？"

"当然是真的。我的生活方式非常与众不同。想做什么就做什么，而且可以马上去做；我没有房子，也没有车；每隔一年我都出门旅行。对很多人而言，我这样的人很难懂。这样的生活方式让他们害怕。

"因为这简直是在挑衅他们自己信奉的那套生活方式。按照他们的世界观，我这个年纪的人应该按照退休计划存上一笔钱，应该有辆汽车，有一段稳定的亲密关系……如果这些我都没有，他们就不理解了。'也许我也不用做那些事？'其实他们心里在琢磨这个。"

"我为什么来？"杰西卡若有所思地说。

我点了点头："这个问题肯定不是平白无故放在咖啡馆菜单上的。一旦你开始认真思考这个问题，别人认为你应该做什么、需要做什么，就变得无关紧要。那只是大多数人在自己经验的基础上形成的笼统意见，往往受到了旁人的影响。

"比如说——'哦，你是一个三十岁到三十五岁的女人？大多数三十岁到三十五岁的女人都有一份工作，成立了家庭，有一套三室两卫的房子，还有一辆SUV。你也该这样。'"

"于是，你按照这个剧本开始生活，"杰西卡说，"最后过上了既定的人生。不管你是二十岁、五十岁、八十岁……"

"除非……"我开口说了两个字，然后停下来。

"除非我问自己——我为什么来？"杰西卡说，"然后创作一个新剧本，我自己的剧本，按照我喜欢的方式、过上我想要的生活。"

"这就是我学到的。"说完我微笑着看着杰西卡。

"你想说什么？"

"有时候我想，整个人生的意义是不是就在于此呢？人生就是一场大型游戏，它的全部意义就在于你是否能按照自己的心意活过一生，是否能意识到自己才是游戏的主宰，而非傀儡。"

"建起自己的游乐场，"杰西卡一边思考一边说，"然后在里面想玩多久就玩多久。"

48

"他们来了！他们来了！"

艾玛从咖啡馆后门跑到沙滩上。

"嗨，索菲娅！嗨，图图！"她兴奋地说。

我转身去看她在和谁说话。

只见一个小女孩和一个年长的夏威夷女人正在和艾玛拥抱。

"那个小女孩就是索菲娅，艾玛的朋友。"杰西卡说，"之前我看见她们俩在一起玩儿来着。"

"另一个女人是谁？"

"我也不知道。"

我和杰西卡站起身。

艾玛带着她的朋友来到篝火旁。

"约翰，杰西卡，她们是我的朋友。这是索菲娅和她奶奶。我们都管她奶奶叫图图，因为在夏威夷语中奶奶就是这么说的。"

为了能看着索菲娅的眼睛说话，我蹲下身，伸出一只手："很高兴见到你，索菲娅。"

她握了握我的手。"我也很高兴见到你。"她害羞地冲我笑了笑。

我站起身和杰西卡换了个位置。她刚和图图打了招呼，现在该轮到我了。

图图的面相和气场给人一种感觉，仿佛她对人生有着超一般的感悟。她双眼亮晶晶，精气神仿佛凝成了实体，一伸手就能碰到。要不是她笔直的黑发中偶尔冒出一绺灰发，你几乎无法猜到她的年纪，她周身散发着年轻人才有的那种能量。

"啊喽哈，约翰。"她边说边热情地拥抱我。

"啊喽哈。"我也跟她打招呼。

拥抱之后，她抬起手，碰了碰我的脸，说："你能回咖啡馆看看，真好。"

她是怎么知道我以前来过这儿？也许艾玛告诉了索菲娅，索菲娅又告诉了她。或许她不用被人告知，就知道。我的直觉告诉我，真相应该是后者。

图图穿着传统的夏威夷裙，索菲娅正在拉她的裙子。图图俯身摸摸她的头，柔声问道："小宝贝，怎么了？"

"现在可以给他们献花吗？"索菲娅悄声问。

图图笑了："迈克和凯茜马上就出来了，要不再等等他们，大家到齐了再献花？"

索菲娅顿时来了精神，小脑袋一点一点地表示同意。

就像约好了似的，迈克和凯茜走出咖啡馆，向我们走来。他们每人都端着一大盘食物。

"你好，索菲娅。你好，图图。"凯茜走近说。

她把托盘放下，挨个儿和她们拥抱。迈克也照做了。

"今晚有好多好吃的呀。"艾玛说。

我看看托盘，里面简直是一盘盛馔：新鲜的菠萝和木瓜，整条整条的烤鱼，香蕉叶裹着的米饭……

"是啊，都是给饥肠辘辘的冲浪能手们准备的。"迈克笑着说。

"图图，杰西卡今天学会冲浪了。"艾玛说。

"是你教给她的吗？"图图问。

"嗯。"

"您也喜欢冲浪吗？"杰西卡问图图。

"她是个超级优秀的冲浪人。"艾玛插话道，"索菲娅的冲浪技能就是图图教的。她有冲浪人的血统，冲浪可是夏威夷人发明的呢。"

"真的吗？杰西卡惊讶地问，"我还以为这项运动源于加利福尼亚呢。"

图图伸出双臂环住艾玛，在她头顶上吻了一下。

"这里才是冲浪的发源地。"她说,"那是很久很久以前的事了。夏威夷人一直与水有着密切的联系。毕竟我们生活在一群小小的岛屿上,周围是辽阔的大海。"

"图图,现在可以献花了吗?"索菲娅轻声问。

图图低头看着她,笑容满面地说:"可以了,小宝贝。"

索菲娅打开图图带来的一个大篮子,伸手从里面取出一条鲜花做的美丽项链。然后她走向杰西卡,边走边说:"啊喽哈,杰西卡,这条是给你的,叫作'蕾'。"

杰西卡微笑着蹲下,好让索菲娅可以够到她的头。她微微躬身,索菲娅轻轻地把花环戴到了她的脖子上。

"谢谢你,索菲娅。"杰西卡笑意盈盈地轻声说。

"在夏威夷文化中,我们通过献上花环表达我们与他人灵魂的联系。"图图解释说,"这是一千多年来流传下来的传统,我们用这样的方式来表达爱、感谢、原谅、和平……也会用它来庆祝生命的精神。"

就这样,索菲娅依次为我们献上"蕾"。

花环香得不可思议,我们周围顿时飘满了甜甜的芳香。

"谢谢索菲娅和图图为我们带来美丽的花环。"
迈克说，"我们继续用食物来庆祝吧，怎么样？大家
都饿了吗？"

"饿了！"艾玛大喊。

"我也饿了！"索菲娅也大喊。

"好，你们俩先吃吧。"迈克笑呵呵地说。

49

晚餐好吃得要命。我们一直吃到一口都塞不下才
停嘴。凯茜从咖啡馆里拿来几个垫子，我们都围坐到
篝火旁休息。只有艾玛和索菲娅例外，她们两个一起
玩，一会儿堆沙堡，一会儿用贝壳打扮自己。

"凯茜和迈克，这一切太棒了，谢谢你们。"我说。

凯茜举起杯子。"欢迎回来。"她回答，"我还要谢
谢你今天早晨在厨房帮忙。"

"是今天早晨才发生的事？"我问，"感觉好像过
了很久。真是不可思议的一天。"

杰西卡点了点头："确实很难相信那只是今天早晨的事。不知为什么，我感觉已经过去了一辈子。"

凯茜笑了："要是你用有意义的事塞满一整天，那'一天'就有了新的内涵，不是吗？"

"确实如此。"杰西卡若有所思地说，"真的是这样。"

"那么我们为什么不那样做呢？"她环顾四周，看着我们这群人大笑道，"更准确地说，我为什么不那样做呢？你们好像都已经把这一点琢磨透了。"

"约翰，你怎么看？"迈克问，"毕竟你刚过完被冒险塞得满满当当的一年。"

我想了很久。"对我来说，要实现这种生活，最关键的是放弃永远做不完的待办事项。"我说。

"什么意思？"杰西卡问。

"第一次来咖啡馆之前，我过着非常忙碌的生活。只不过，我忙的都是自己不想参加的活动。那时候，我觉得应该把它们先做完，才能得到自由。要是能一下子清空待办事项该多好，那样我就能过上我想要的生活。"

"后来你的这个计划执行得怎么样？"迈克咧嘴

笑着问我。

"要多糟糕有多糟糕。待办事项永远做不完。刚做完两件事，清单里又增加了两项。有一连串无穷无尽的责任等着我。"

"我大多数时候也有这种感觉。"杰西卡说，"我来到这座美丽的岛上，却从未享受过一分一秒。我老是在想，如果我再在工作上多花一点时间，把工作带回家去做，周末也投入到工作中去……最后我一定能把它们做完，得到解脱。可这个假设从来都没有实现过。"

"宇宙在关注你。"凯茜小声说。

"你说得对，"杰西卡说，"你说得特别对。"

"宇宙在关注你？"我感到不解。

杰西卡看着凯茜。"大胆往下说，"凯茜说，"你知道的。"

在接下来的几分钟里，杰西卡解释了这句话的意思，还说了她和凯茜之前围绕这个话题都聊了什么。

等她说完，我点了点头："我从来没从这个角度想过这件事，但你的总结很到位。人越是花时间做一件事，在这个方面得到的就越多。因此，关键在于先把重要的事情当成你生活中的一部分。先做好重要的事，之后如果你还有时间，再把其他事情提上日程。"

图图温柔地大笑。"波利尼西亚人有个美丽的民间故事，刚好能说明你们聊的这件事。"她说，"是一个愚蠢的水手和他的独木舟的故事。"

"能讲给我们听听吗？"杰西卡说。

"我们能给故事伴舞吗？"艾玛兴奋地问。"是呀，可以吗？"索菲娅也跟着说。

"你们俩竟然也在听啊。"图图微笑着说。

"我们一边玩儿一边听着呢。"索菲娅回答。

"如果你们俩想跳舞，我们应该有音乐伴奏。"图图说着看了迈克一眼。

他笑着说："我去去就来。"说完他就站起身，往咖啡馆跑去。过了几分钟，他带着一把尤克里里和三只鼓回来了。

"这几个是帕胡鼓，"说着他把三只鼓分别递给杰西卡、凯茜和我，"是夏威夷本地人的鼓。"

我接过来拍打了几下。

迈克扭头对图图说："能否赏光给我们讲讲这个

故事？"

她笑了，点了点头。

"那索菲娅和我跳舞，你来弹尤克里里。"迈克说着伸出手，假装要把尤克里里递给艾玛。

"不是这样的。"艾玛咯咯地笑着说，"你来弹尤克里里，我和艾玛跳舞。"

迈克做出一副惊讶的样子："哦！是这么安排的啊。好的。"他微笑着席地而坐。

"好，小舞蹈家们，靠近点儿。"图图说，"你们还记得动作吗？"

两个女孩热切地点头。

"好，那我开始讲愚蠢的水手和他的独木舟的故事吧。"

50

图图向我和杰西卡转过身，脸上挂着微笑："两位新鼓手，接下来会有一个经验丰富的鼓手来带你们。和你们一起演出的还有一位经验丰富的尤克里里高手。他们非常了解这首歌。你们只要跟上他们的节奏，一起开心就好。"

我点了点头。杰西卡看着我微微一笑，她把手放在鼓面上方，做好了准备。

迈克开始轻柔地拨弄着尤克里里。凯茜也加入进来，跟着他的节奏轻轻打鼓，杰西卡和我也拍起鼓来。

图图合着音乐声缓缓地摇摆身体，十分有节奏。她轻轻扭着腰，给夏威夷的传统舞蹈加了点个人特色。两个女孩跟在她身边，也开始轻轻摇摆。

过了片刻，图图找准乐点，开始跟随音乐的节奏讲述这个故事。

从河流到海洋，

从星辰到太阳，

我们追求新的冒险，

寻找欢笑与乐趣。

众人之中的探险家，

喜爱冒险不分大小，

我们要做的第一步，

就是装满独木舟。

"这是波利尼西亚探险者的信条。"图图抑扬顿挫地说出这句话，然后向天空举起双臂。

凯茜开始疯狂打鼓，我和杰西卡也有样学样。两个小女孩刚才伴随着图图的话语缓缓做出一些手势，现在动作的幅度突然大了起来，她们也朝天空伸开胳膊。

图图面带笑容，再次随着尤克里里的声音缓慢且韵律感十足地扭动腰部。当我们疯狂的鼓声归于平静时，她伸出一只胳膊，在胸前拂过。

> 我们今天讲的是，
> 一个愚蠢的水手，
> 他永远无法踏上旅途，
> 因为他收拾不好独木舟。
>
> 水手的行李遍布海滩，
> 一件件似乎全能用上，
> 每一个未必都很重要，

无数错误只等他来犯。

重要的东西搁一边，
留待最后往舟上放。
冲浪板、长矛、帽子和船桨，
都成了水手冒险的必备品。

海滩内外聚满人，
来自遥远的四方。
关于舟上该带啥，
他们个个有意见。

带上这个带上那，
哪个都不能落下。
碧蓝汪洋只曾远远观看，
说话之人从未乘风破浪。

带上这个带上那，
哪个都不能落下。
从来都是只做梦却不行动，

说话之人的冒险只挂嘴边。

众人争执不相让，
几个小时都不够。
愚蠢的水手认真听，
谁的意见都记下。

收拾行囊放舟上，
一遍一遍又一遍；
到了最后他一看，
心爱之物在岸上。

带上这个带上那，
哪个都不能落下。
七嘴八舌吵不停
说话之人只增不减。

水手不慌不忙，水手坚定不移，
最重要的东西，就是要最后放上。
时间匆匆过，还是没进展；

船儿不下水，水手岸上坐。

怎么办，我到底该怎么办，
水手闷闷不乐地想。
可他就是不愿意，
重要的东西抢先放。

一日又一日，数周匆匆过；
时间溜走了，雨点落下来。
雨季来临了，
还能否成行？

欧嘎欧嘎欧嘎欧嘎
欧嘎欧嘎欧嘎欧嘎

　　迈克开始吟唱。艾玛和索菲娅也张口唱起来，同时做出滑稽的鬼脸，仿佛人工雕刻的图腾。

　　凯茜笑盈盈地瞥了我们一眼，然后点了点头，示意我们也应该跟着吟唱。于是我们也开口，一边看着两个小女孩做鬼脸，一边发出"欧嘎欧嘎"的声音，时不时爆发出一阵大笑。

　　图图抬高嗓门，唱得极为夸张。"天空阴云密布，大风呜呜地吹。"

　　图图唱到这句的时候，艾玛和索菲娅转身面对面地大口吸气，然后往对方的脸上吹，一个没忍住，二人笑作一团。

　　我也哈哈大笑，扭脸去看杰西卡，结果被她迎面吹了一口气，这让我笑得更厉害了。

　　　　欧嘎欧嘎欧嘎欧嘎
　　　　欧嘎欧嘎欧嘎欧嘎

　　图图接下来放慢了语速，声音显得格外伤心沉重。

　　　　大雨倾盆下，连绵许多日，
　　　　雷声轰隆隆。
　　　　最后水手放弃了梦想，
　　　　离开了他的独木舟。

　　图图唱完最后一句时，艾玛和索菲娅精准地抓住了这个时机，停下舞蹈，耸了耸肩膀，做出伤心的表情，大声说"噢噢噢噢噢噢"，表达遗憾。此情此景搞笑极了，她们俩捧腹大笑。

> 这堂人人都该知道的重要人生课，
> 水手最后也没学会。
> 重要的东西要先抓住，
> 否则冒险永远与你无缘。

> 记住这个小故事，
> 关于愚蠢水手的小故事。
> 记住，只因没收拾好独木舟，
> 他始终没能踏上冒险之旅。

> 你也有条人生独木舟，
> 切记，切记，重要的东西先放进去。
> 不然你的人生之船虽然满载，
> 但上面都是无用之物，冒险始终与你无缘。

51

　　凯茜再次开始疯狂拍鼓，预示整首歌即将结束。我们也照着做。女孩儿们的舞蹈更疯了，还不断互相做着鬼脸。

　　这支故事歌结束后，我开心地大笑，怕不是肚子都要笑疼一个星期。大家伙也都是这样，都笑得特别厉害。

　　"我喜欢刚才的活动。"杰西卡开口说道，"真是太好玩了。"她看着艾玛和索菲娅说："你们两个太棒了。怎么跳得这么好啊？"

　　艾玛又笑着做了几个舞蹈动作，说："是图图教给我们的。这是索菲娅和我最喜欢的歌曲之一。我们总是和图图一起练习呢。对吧，索菲娅？"

　　索菲娅大笑："欧嘎，欧嘎。"说完，她对艾玛跳起了滑稽的舞。

　　艾玛大笑，然后假装被吓到，转身跑开。索菲娅追在她后面。

　　"西方文化尚未传入的时候，我们夏威夷的传统就是通过故事和歌谣传递信息。"图图说，"人们也通过这种形式学习。"她望着两个女孩继续说："她们会记得那首歌，也会记住歌中的道理。"

"我也会。"杰西卡说，"听了这首歌，道理就明白多了。"

图图微微一笑："说明这是个适合与他人分享的有意义的好故事。"

"也适合写进我的'原来如此'笔记本里。"说着我站起来，"我去去就回。"

我来到咖啡馆门前，走进厨房。我的背包就放在一块搁板上。我把它拿下来，朝外走去。然后我停下脚步，从点餐窗口往咖啡馆里面看。虽然那儿只亮着几盏灯，但我依然能看到红色的卡座、狭长的柜台，门边的衣架……

我脑中闪现出我第一次光顾咖啡馆的情景。坐在海边的感觉太过梦幻，但是真正有魔力的还是咖啡馆内部，尤其是现在这个时段——夜里。我脸上浮现出一丝浅笑。不知为什么，我心中满是感恩，感恩我能有机会来到这里，感恩我现在能重新回到这里。

"这地方有种特殊的力量，对吧？"

我转过身，发现凯茜在身后。她正笑嘻嘻地看着我，而我根本没听见她走进来。

我点了点头，转身继续看着咖啡馆。"站在这儿，我不由得想起自己的人生发生了多么大的改变。"我跟她说，"一家误打误撞走进去的咖啡馆，一个夜晚，三个问题……要是那些事情没有发生，我现在身在何处呢？"我摇了摇头说："很难想象。"

"你做好准备了。"她回答，"你的言行举止都说明你内心笃定，胸有成竹。"

我转身看着她："不知怎么的，我就是知道。如果我把最重要的事情放进独木舟，一切问题就能迎刃而解。我不知道这些问题具体会怎么解决，但我就是知道结果。"

"结果正如你所料。"她说。

"而且我之前完全想象不到结果会这么顺利。"我顿了顿，接着说，"这是因为我决定放胆一试。有时候做事要靠计划、靠组织、靠思考和与其他人沟通……有时候则需要你向深渊纵身一跃，然后发现那并不是深渊。"

"从你降生到这颗星球上起，整个宇宙系统都在引导你往某个方向走。你能得到它的支持、引导和鼓励……始终如此。这是一场设计复杂精巧、极具美感的游戏，目的是为了成就我们，而不是让我们走向失败。"

"我不知道为什么要跟你说这些，毕竟你早就明白这个道理了。"

她笑着点了点头："是啊，我早就知道了。不过，我和其他人一样，也曾经对此一知半解，会恐惧，会焦虑，人生被各种不得不做、必须要做、需要做和不能做的事占据着。但是，一旦你与自己的内心达成一致，并且看到了这样做的好处，你就不会再执着于那些事了。你已经经历过这个过程，杰西卡纵身一跃的时候，也会经历同样的过程。"

凯茜看到我手中拿着背包，问："来拿你的'原来如此'笔记本？"

我点了点头，伸手把本子从包里取出来。

"我能看看吗？"她说着伸出手来。

我把本子递给她。她随便翻了一页又一页。"约翰，你为什么要在旅行中间穿插一年用来工作？"她拿着那个本子问，"工作和旅行一样会带给你满足感吗？"

"不会。这只是我迄今为止想到的最佳解决方案而已。只要想到一年后我可以重新踏上旅途，回归工作就容易多了；这样一来，我会更加卖力地工作，而不是被它拖垮。我把工作看成让我继续旅行的燃料，这样的工作是有目标的，而且是一个积极的目标。

"我知道还有更好的解决方案。其实，今天早些时候我和杰西卡聊过这事。只是我还没有找到这个方案而已。"我向她投去探寻的目光，问道，"为什么问这个？"

"我和迈克聊到你的'原来如此'记录……除了把它们记下来，你还有什么别的打算吗？"

我耸了耸肩："还没有。但是我喜欢这些感悟，几乎每晚睡前都要翻翻这本子。里面的记录可以提醒我，有些深渊并非深渊。"

"这是个好办法，可以让你睡前充满积极的能量。"她说。

"是的。我还记得我第一次来咖啡馆之前是怎样的，那时候，我每天晚上睡前最后的活动是看新闻，或者在网上看看地震报道，还可能随便看看明星政要的绯闻或者体育赛事。

"然后我关上灯，让大脑开始忙碌，一忙就是几个小时——我会反复思考白天遇到的问题，或者准备怎样解决明天等着我的问题。"

说到这儿我微笑着轻轻摇了摇头："难怪我一天到晚感觉那么累。"

凯茜一言不发地听我说到这儿，突然开口："我不是说我和迈克聊到你的'原来如此'记录吗？我们都觉得你应该把它写成书，出版出来。"

我对她的提议略作思考，然后开始自我怀疑，感觉不如刚才自信了。为自己写点东西是一回事，说出来让朋友们品评一下也没关系；但是把这些想法写出来，在世人面前展示，供大家评论，就是另一回事了。我有什么资格告诉别人生命中的种种感悟呢？

恐惧和忐忑袭来的瞬间，一幅画面也随之出现在我脑中，就好像我把"原来如此"笔记本翻开到了相应的一页似的。

画面中的那条感悟是我第一次旅行途中在哥斯达黎加收获的。

你可以活在信念中，也可以活在恐惧中，但无法活在两者并存的状态里。

"这个道理在当时是对的，现在也是对的。"凯茜说，"还有一条，你可以把你的想法分享给某个人，为什么不可以分享给所有人呢？"

她是对的，我心里明白。我刚刚已经非常详细地解释了自己心里有多么清楚——有些事情做起来，看似是纵身跃入深渊，但其实是一次飞升。

我耸了耸肩。

"约翰，我们愿意做你的第一个顾客，把你的'原来如此'笔记本放在咖啡馆里当赠品。"

我惊喜地望着她："真的？"

她点了点头说："真的。"

这是一个转变，而且发生得如此之快。我刚才还感觉前方有深渊——一个代表未知和恐惧的深不见底的地方。可因为她的一番话，这个深渊立刻不见了，取而代之的是一条清晰可辨的小径。

"好的，"我点头微笑，"没问题。"尽管我已经取得了巨大的进步，但从刚刚的短暂经历来看，我意识到自己还有很多东西需要学习。

"我们也一样，"凯茜说，"所以我们才在这里呀。"

52

我和凯茜走出咖啡馆，回到围着篝火坐成一圈的大家身旁。迈克正在弹奏尤克里里，图图则在教杰西卡和两个小姑娘跳新的夏威夷舞蹈。

他们欢声笑语，歌声飞扬，一股能量在他们之间涌动。

"第五十六页。"凯茜对我说。

我一脸不解地望着她。

她的视线落在我手里的"原来如此"笔记本上。我翻开本子，以前里面并没有页码，现在却突然出现了。页码清清楚楚地印在本子上，仿佛一开始就是这么印刷的。

我抬头去看凯茜。她耸了耸肩，然后眨了眨眼，说道："反正早晚是要出版的。"

我确实还有好多东西需要学习。我翻到第五十六页。

你无法选择在哪儿出生，但是可以选择在哪儿停留。你无法选择自己的身份，但可以选择和什么样的人来往。

"人生冒险的一部分，就是去实践这句话的内涵。"凯茜说，"你得放手让自己做出自由的选择，然后继续生活。这种选择不仅仅是生理上的，更有情感上的。这就是杰西卡悟出的一些道理。"

"我已经明白了什么是真正的自由。"我回应，"自由就是不受某些条件限制，比如你是哪儿出生的，成长于怎样的环境。我见到的人当中，凡是闯出自己的一片天地、活出自己人生的人，都明白这个道理。他们才是最享受生活的人。"

"因为他们建立了自己的游乐场。"凯茜补充说。

我点了点头。

我们来到篝火旁。迈克弹完一曲，把尤克里里放下；两个女孩儿也累得瘫倒在地，但还在笑个不停。

迈克瞧见我手里拿着"原来如此"笔记本，便问凯茜："你跟他说了吗？"

她点了点头。

迈克又看向我："你觉得怎么样？我们能做你的第一个读者吗？"

我笑着点了点头："当然能。"

"太好了，也许到了将来，你可以一直旅行，不用再回去工作一年了。到时候你的'原来如此'笔记本就能为你赚到旅行资金了。"

"这个主意不错。"我回答。

"我有一个朋友就写了本书,被翻译成许多不同的语言,在很多国家出版。"杰西卡说,"现在他忙着去世界各地和读者交流。他和你一样热爱旅行,现在有人出钱支持他旅行了。他特别喜欢这样的生活。"

"就是这样,"凯茜说,"既然世界上有人这么做,那这个人为什么不能是你呢?"

"我介绍你们俩认识吧。"杰西卡说。

"啊,天意啊。"图图说,"只要清楚你自己想要什么,就好像给自己的潜能发送一个信号,一切都能对号入座了。"

53

我的大脑开始飞速运转,过去的恐惧和忐忑顿时烟消云散。

能一边赚钱一边环球旅行,和与我一样痴迷'原来如此'笔记本的读者交流……这简直太棒了。我兴奋地打了个冷战。这个主意特别对我的胃口。我的生理反应说明了一切。如果我朝着这个方向努力，等着我的将是一场伟大的冒险。

"我可以看一下你的本子吗？"图图问。

"当然可以了。"我把本子递给她。

她坐在沙滩上开始翻阅。我也坐下了。

"你怎么样，小椰子？"

迈克向艾玛和索菲娅坐着的地方走去。此时已经是深夜，吃过饭、跳过舞，两个女孩儿开始打瞌睡了。艾玛向迈克伸出双臂。他把她抱起来，搂在胸前，在她额头上吻了一下。

"咱们今晚的活动是不是该结束了？"

她摇了摇头："还不行呢。"

迈克席地而坐，艾玛挨着他的腿蜷成一团，脑袋靠在他胸前。索菲娅也这样挨着图图躺下。

图图脸上挂着微笑，一下又一下地抚摸着索菲娅的头顶。"约翰，本子给你。"说着她把笔记本递还给我，"谢谢你让我看。"

"不客气。"

"如果你愿意，我也可以帮你。"她接着说，"我在岛上有很多朋友，包括各大旅馆的老板。我觉得你本子里的东西很特别，很适合躺在沙滩上看，因为很多人只有这样才有时间思考。我不敢肯定，但肯定有旅馆老板乐意买一些送给他们的客人。"

我简直不敢相信，问道："真的？"

"真的，等你的书印出来就联系我吧，我会帮你的。"

这一切发生得太快，我惊讶万分。其实我本不该这么惊讶，因为自从我第一次光顾这家咖啡馆，我就一直在收获惊喜。每当我着迷于某种活动，心中确信这是自己要走的路，我就会发现身边处处是支持和鼓励。

"第七十一页。"凯茜笑着说。

我看看她，把笔记本翻到第七十一页，大声地读出了上面的字句。

"仰望星空时，你看到的只是我们银河系中不到0.00000005%的星星，而且这只是它们在银河系中的比例。宇宙中还有至少一千二百五十亿个星系。如果造物主创造了这一切，那么他一定也能解答你的梦想是什么。去向他寻求指点吧，找到答案就行动起来。"

我笑了："那是我在非洲的时候写的。那儿的观星体验特别好，其他地方都不能比。裸眼就能清清楚楚地看到银河，拿起双筒望远镜，还可以看到星星一闪一闪地散发出红色、橙色、蓝色和其他颜色的光芒。

"那是我第二次去非洲，就在我思考具体去哪儿的时候，有人提到纳米比亚是个特别与众不同的国家。我从没听说过那儿，于是买了一本纳米比亚旅游书。有人问我计划下次去哪儿，我就说我考虑去纳米比亚。

"几乎每周都有人告诉我他们去过纳米比亚，或者在那个国家生活，再或者有朋友刚从那儿回来……感觉老天在看着我，就差我自己搞清楚想去哪儿了。等我确定了，所有相关线索就都出现了。"

我微笑着说："谢谢你们大家。你们要把我'原来如此'笔记本变成书之后，同样的事再次发生了。"

杰西卡看着凯茜："你之前跟我解释过这种事，对吧？你就是这个意思。"

凯茜点了点头："每一个时刻，每一个瞬间，我们都生活在纯潜能场中。不管有意或者无意，我们的所有行为都在释放信号，提醒纯潜能场我们想要什么。

"拿刚才这个例子来说，约翰不仅仅是经历了让他想喊'原来如此'的事，更是觉得这些事足够重要，必须写下来才行。这就相当于发出了一个信号。当我们问他能不能看本子里的内容时，他很乐意与我们分享，这就发出了另外一个信号。我们想到把本子里的内容变成书，他积极响应，这又是一个信号。

"当你聊起你的朋友写了一本书、通过给读者演讲挣钱这件事，他的反应很积极，这还是一个信号。我们提议做他的客户，图图也提出要帮助他……这些都是辅助信号。宇宙会发觉这个模式的形成，你就能得到更多感兴趣的事物。"

"选我，选我，再选我……"图图轻柔地唱着，微笑着注视着我和杰西卡。

"我明白了。"杰西卡说，"如果我不满意我得到的东西，那就得开始释放不同的信号。往我的独木舟上装我真正觉得重要的事物。"说到这儿，她停顿了一会儿，随后又继续说："我真的明白了。"

图图微笑着说："那就相当于你刚刚悟到了一个

重要的‘原来如此’。”

54

迈克拿起"原来如此"笔记本快速翻看，露出一丝微笑。

"这一条有什么意义？"他问道，然后大声念了出来。

"那不过是一辆车而已。"

我犹豫了片刻，瞟了一眼杰西卡，什么都没说。

迈克又笑起来："我是不是不该问这条？"

"其实吧……只不过……"我磕磕巴巴地说。

我用余光快速扫了一眼杰西卡，她也向我看过来。

"怎么回事？"迈克问。

"他不回答只是不想让我难堪而已。"杰西卡解释说，"没事，说吧。"

"我……"

杰西卡大笑："你不会伤害到我的感情。说吧。"

我微笑着说："好吧。我有个朋友，他每次见到我都会说，他多想做我做的事，多么热爱旅行和看世界。不管什么时候，只要我动身去旅行，他就承诺说跟我到什么地方碰面，学习一下自由行的门道。"

"可是他从来没去成过？"凯茜问。

我摇了摇头："从没去成过。我一问他，他就说工作太忙，脱不开身，要不就是有个大项目要启动。反正总有理由。这对我来说没什么，可他自己却深受困扰。因为他是真的想去。"

"他就不能偶尔休息一下吗？"杰西卡问。

"我问过他。问题是，他不管挣了多少钱都会通通花光。他的习惯就是从不攒钱，挣到钱就马上花出去。他还觉得，除了工作，他基本抽不出一丁点时间干别的事。"

"你什么时候才能讲到关于车的那部分呢？"迈克问。

我很肯定，他已经知道答案了。

"让他被工作困死的部分原因在于他的车。几年前，他买了一辆非常豪华的新车，几乎集当时市面上所有汽车的优秀特性于一身，倒车时可为司机提供影像支持，座椅能加热，并且到哪儿都可以启用 GPS

系统……

　　"车很美，价钱也很美。包括保险和维修费用在内，他每个月为这辆车付的账几乎等于我每月交的房租。

　　"把这笔开支和他的生活开销加在一起来看，他感觉自己连假都没法请，更别说像我一样一出去旅行就是一整年了。

　　"这没什么，我不想评判他或者其他走到这一步的人，毕竟这是他们自己的人生，自己的选择。只是，我想他一定没有意识到，这个选择剥夺了他多少做出其他选择的自由。"

　　"比如和你一起旅行的选择。"图图补充说。

　　我点了点头："对啊。如果他是个车迷，那就另当别论了，可他不是。而且，他生活的城市随时都可以打到车，那辆新车基本上一直躺在车库里吃灰，他每月还要支付停车位的费用。

　　"他喜欢冲动消费。要是看上什么东西，他就会据为己有。新宝贝到手几天或几个月之后，他就对这个东西失去了最初的兴趣。就这样，他花了相当大的代价，得到的好处却寥寥无几。

"坦白地讲，我觉得他非得拥有那辆车不可的原因，有一半是为了炫耀。他想通过买车这个行为给某些人留下某种印象。"

"他是想加入一个他其实并不想加入的圈子。"杰西卡说完看了一眼凯茜。

我点了点头："这么说非常贴切，我从来没这么想过。不过，他就像你说的那样。上次我见到他的时候，他还说他有多想和我一起旅行。但我知道，这根本不可能发生。"

我笑着继续说："我感到非常惋惜，同时也产生了一个可以记入'原来如此'笔记本的感悟。"

"什么感悟？"杰西卡问。

"我们所处的文化环境大多都将成功或幸福与一个人拥有的金钱和物质捆绑在一起。我去过很多地方，见过各种各样的人，他们有的坐在金山上，有的身无分文。

"我从他们身上学到一件事：真正的硬通货不是金钱，而是时间。经济上的富裕不是坏事，也不是好事，它不能保证你快乐或伤心。贫穷也一样。不管在世界上最贫穷还是最富裕的地区，我都见过面带微笑或愁眉不展的人。

"始终面带微笑的人有个常见的共同点，那就是他们的生活方式。他们每天都花大量时间去做与他们的存在意义相符、他们内心真正渴望的事情。"

"约翰，你朋友在那辆车上花了多少钱?"凯茜问。

"差不多每个月九百美元吧，还有每个月两百美元的停车费。这些钱都花在一辆他从来不开的车上。这也意味着，他为了挣钱，光顾着工作，没剩下多少属于自己的时间。

"如果他每个月能攒下那么多钱，那么一年半之后，他就能和我一起周游世界一整年了。那样一来，他就能拥有大把的休闲时间。

"于是，我在本子上写了这么一条，提醒自己投入时间的时候，选择那些符合我真正想过的人生的事情。"我看着杰西卡说，"抱歉，我无意冒犯。我还有一个朋友，他是真的爱车成痴。他有一辆1968年的经典敞篷车，这辆车花了他不少钱。他特别喜爱它，常常开着它去各处兜风。他还喜欢结交朋友。不管去哪儿，这辆车都能迅速成为他和陌生朋友的话题。对他来说，把钱花在这辆车上再合理不过。"

杰西卡微微一笑："没关系，你的话确实引起了我的思考，但并没有冒犯我。"

"其实，'原来如此'笔记本上的这句话和车没什么关系，"我说，"它的重点在于提醒我，把时间投入到我真正想做的事情上，也就是旅行和冒险。对其他人而言，可能是截然不同的事情。"

我冲凯茜点了点头："我第一次来咖啡馆的最大收获之一，就来自对这个话题的探讨。"

"是什么收获呢？"杰西卡问。

"如果说某样东西有意义，那是因为你自己认为它有意义，不是因为别人告诉你它有意义。"

"我喜欢这个说法。"杰西卡说。

我点了点头："上次离开这里的时候，我对钱的看法都不一样了。那真是一种大开眼界的体验，我立刻发现，自己的很多支出都和我真正想要的人生体验方向不一致。

"按照大多数人的标准，我用来工作的那些年没什么意思。我不常出门，也不怎么消费；和一星期的奢华度假相比，我那长达一年的旅行有些骨感。

"但如果说什么对我来说最重要的话……我旅行

的那些年精彩绝伦。不同的国家、不同的文化、有趣的陌生人、每天的新冒险……这些体验在工作年中有点少，但在我的旅行年中，产生这些体验的时间多到不可思议。"

55

图图抚摸着索菲娅的头发。她枕着图图的大腿正睡得香甜。

"杰西卡，我有个故事想讲给你听，你有兴趣吗？你应该能从里面找到你来到咖啡馆的原因。"

"我有兴趣。"杰西卡回答。

图图继续抚摸索菲娅的头发，说："好，那我开始了。讲完故事我就该带这个小不点儿回家睡觉了。"

图图闭起眼睛，过了一会儿才开口："杰西卡，你见过雾气朦胧的早晨吗？雾浓得几乎看不到任何东西。"

杰西卡点了点头。

"这个故事讲的就是那样的一场雾。想象一下，有一座古老的大宅，门前有宽敞的前廊。宅子周围是空旷的院子，院子周围是一片密林。一条小路从前廊探出，穿过院子，进入森林。前廊上放着一把摇椅，坐在上面恰好可以俯瞰那条小路。"

图图问杰西卡："你能想象这样的画面吗？"

杰西卡再次点了点头。

"根据我的经验，"图图继续讲，"大多数人的人生就像坐在那把摇椅上。只有朝前廊栏杆外张望，他们才能看到院子和森林，不然就只能看到一片迷雾。这里说的迷雾是指其他人想让他们去做、去看和去相信的所有事情，也代表他们的自我怀疑、恐惧和不安，还有他们在人生道路上被迫接受的所有负面条件。

"他们坐在前廊的摇椅上摇晃，心想这场雾再过五分钟就应该散了，然后他们就能看到那条通往自己真正想要的人生的小路……接着，他们就可以从椅子上站起来，拾级而下，去过想过的生活。

"然后有一天，他们读到一篇鼓舞人心的故事，或者听说有人实现了坚持很久的梦想。然后，就好像有魔法一样，雾气散开了五分钟，他们可以清楚地看到通往理想人生的小路。小路散发着迷人的光芒，似乎在召唤他们。在这五分钟里，他们始终想站起来沿小路往下走，想象自己即将经历的冒险和体验的快乐。

"可五分钟很快就过去了，雾气再次聚拢。于是，他们坐回那把摇椅……摇晃起来，前前后后地摇晃。

"过段时间，他们开始想，也许雾气二十四小时之内就能散去，到时候，他们就能看到自己真正想要的人生。接着，他们就可以从椅子上站起来，拾级而下，去过想过的生活。"

"然后有一天，他们听说一个朋友死了。那是一个好人，对他人向来友善，可惜英年早逝。接下来的二十四个小时里，雾气散去，他们的视野变得前所未有的清楚。

"他们看到那条通往理想人生的小路，受到了前所未有的强烈吸引。小路散发着迷人的光芒。他们清楚自己要走上这条路的全部理由，也明白之前没能走上这条路是个错误，明白这背后的种种原因和借口。这二十四个小时里，他们迫切地想要动身，踏上新的旅途，开启新的人生……

"可是，这天终于还是结束了，雾气再度聚拢。他们坐回那把摇椅……摇晃起来，前前后后地摇晃。

"又有一天早晨，他们探头张望，看到雾气散了。他们等了一个小时，雾气始终没有出现。

"一天过去了，两天过去了，雾气依然不知所终。他们的目光越过前廊，落在那条通往理想人生的小路上。

"小路散发着迷人的光芒，吸引着他们。他们开始想象，踏上那条路后自己可能会经历的冒险和体验的快乐。最后，他们按捺不住了。就是今天了。

"他们从椅子上站起来，试着迈出第一步……结果发现自己已经走不动路了。"

我看着杰西卡，她哭了。

"杰西卡，你还年轻。"图图轻声劝道，"你聪明，有天分。还有很多冒险等着你。可你首先得拨开迷雾。"

"我经历过大雾弥漫的日子。"杰西卡哭着低声说，"多亏了和你们大家在一起，今天雾气算是彻底散了。"

她顿了一下，继续说："可雾气再次弥漫的时候会怎样呢？我看不见那条路了怎么办？"

"不用管它，你只需要站起来走过去。"图图回答，"那条小路始终都在，等待你看见它的那一天。要想踏上这条路，你通常只需要向未知迈出第一步。"

"我不知道该怎么做。"杰西卡说。

图图任凭大家陷入沉默，过了半晌才说："杰西卡，假设你站在最浓厚的雾里，你能看多远？"

杰西卡犹豫了。

图图冲她点了点头。

"三米吧。"

"如果你留在前廊上，你会永远看着那一成不变的三米。"图图回应。

沉默再次降临。图图开口道："如果你站起来，往前走一步。只迈一步，然后你能看多远？"

杰西卡好像还不明白这个问题的重要性："三米。"

"是的，但这已经不是刚才的三米了。"

杰西卡这下不说话了。

"孩子，到我这儿来。"

她像个小女孩一样，手脚并用地爬到图图身边。

她的额头抵在图图的额头上，抑制不住地哭了起来，直到眼泪都流干了。

图图耐心地等待着，不断地安慰杰西卡，仿佛是一个慈爱的母亲在安慰她的孩子。等杰西卡终于不哭了，图图伸出双手，放在杰西卡的脸上，看着她说："当你今天迈出第一步，接下来的九步还是之前的样子，但最后一步不同，是新的。那就是宇宙为你铺的小路的开端。"

杰西卡笑了，她擦掉脸颊上的眼泪："为什么不能把路铺得近一点呢？"

图图微笑着轻轻摇头："因为这不是宇宙的套路。"

56

凯茜、杰西卡和我把野餐场地收拾了一下，把剩下的东西拿回厨房。迈克和图图待在咖啡馆外面，一个抱着艾玛，一个抱着索菲娅。

"让我来吧。"我说着开始往水槽里放水，准备清洗杯碟。

凯茜笑了："不用了，约翰，你今天已经帮了我们大忙。今晚剩下的工作我来做吧。"

"你确定？"我问。

她笑着点了点头："我确定。"

杰西卡把手里的东西放下。"我也很乐意帮忙。"她说。

凯茜轻轻摇了摇头，再次露出微笑。"谢谢你，杰西卡。不过不用了，我都能搞定，真的。"她说。

杰西卡从点餐窗口往咖啡馆内望去。她的商务装、高跟鞋和钱包都放在她今天早晨坐的卡座上。"看起来好遥远啊。"她踌躇着说，"恍如隔世。"

然后，她回头看着凯茜。"都会好起来的，"凯茜说，"今早的你还什么都不知道，现在一切都不一样了。"

厨房的台子上放着一份菜单。杰西卡把它拿起来，翻到背面。

你为什么来这里？

你在你的游乐场中玩耍吗？

你有MPO吗？

她问凯茜："最后一个问题我们还没聊过。"

凯茜笑着回答："你今天是什么人？"

"什么意思？"

"意思就是你今天是什么人？"

杰西卡思索了一会儿。"我刚来的时候是个商人，"她露出羞怯的微笑，"高度紧张的女商人。另外，我是一家不一般的咖啡馆里的客人。"说到这儿，她顿了顿："在秋千上，我重新做回了小女孩。在那儿，"她朝着大海扬起下巴，"我是个冲浪者，有生以来头一次冲浪。"

"还有呢？"凯茜问。

杰西卡大笑："我还是鼓手、舞者、学习者……"

"那么在这些身份中，哪一个是真的你呢？"凯茜问。

杰西卡看着她说："要是在今天之前，我会说第一个。"她停了一下，继续说："可现在这么说就是撒谎了。所有这些身份都是我。"

凯茜笑了："那你非常幸运。你拥有MPO（Multiple Personality Order）——多重人格顺序。你应该明白，生活有多面性，你也有多面性。你在不同的时刻有着不同的身份，比如鼓手、冲浪者、学习者、小女孩或者其他独特的身份。你可以坦然接受这个事实，接受随之而来的独特精神力量和情绪。

"你允许自己拥有所有这些人格，允许你的游乐场上开放特定的项目，为你带来欢笑、愉悦，让你回归自我。"

凯茜继续说："有时候，我们只需要与自己的另一部分人格建立起小小的联系，就能带来人格的全面发展。我们曾经接待过一个客人，唱歌曾是她在她的游乐场中最爱的项目，但她很多年不唱歌了。从这儿回去之后，她又开始唱歌，每周抽出一晚和当地的唱诗班合唱一个小时。

"她说，这一个小时的歌唱让她成为了一个更好的母亲、妻子和员工……总之，她变成了更好的人。这个变化改变了一切。"

"听你说这些，我感觉松了口气。"杰西卡说，"好像我一直对某件事有执念，但又不敢大胆承认，如今终于听人说，这事的确是真的。这就是我，我是冲浪者、鼓手、小女孩……也是随之而来的种种情感的总和。我是所有这一切。"

"你可能还有其他一百种身份呢。"凯茜边说边笑，然后张开双臂，杰西卡上前与她紧紧拥抱。

"谢谢。"杰西卡说。

"不用谢。"

她们俩分开之后，杰西卡转头对我说："约翰，我也要谢谢你。今天早晨我差点离开，多亏你来到桌旁和我说话。如果你没那么做，我永远也不会有今天这些经历。"

这次她主动张开双臂，我们俩拥抱了一下。

"很高兴在咖啡馆遇到你，"我说，"也很高兴能帮到你。"

57

图图和迈克走进厨房，被他们分别抱在怀中的两个女孩睡得正沉。

凯茜伸出胳膊，图图将索菲娅转移到她怀中。索菲娅的头耷拉在凯茜的肩膀上。

"我们得跟各位道别了。"图图说，"我还得替索菲娅说一声。"

杰西卡拥抱了图图。"啊喽哈，我还要说谢谢。谢谢你今晚教给我的一切。"

"下周我们一起冲浪吧。"图图说，"就你和我，来次女生聚会。"

杰西卡听了眼前一亮："真的吗？这主意真棒。"

"我也是这么想的。"

图图转身给了我一个拥抱："啊喽哈，约翰。今天很高兴认识你。我非常期待你的'原来如此'笔记本出版。到时候我会帮你在岛上做宣传的。"

"我也非常高兴认识你。"我回答，"感谢你提出要帮助我，到时我会记得找你帮忙的。"

图图也拥抱了凯茜和迈克，对他们说了再见。凯茜把索菲娅交还给图图。

"要不要我送送你们？"凯茜问。

图图摇了摇头。"凯茜，你真是太好了，不过还是不用了。"她微笑着说，"我从小就经常沿小路来这个神奇的地方玩，熟悉得很。"

然后她转身走出门，踏上了回家的路。

杰西卡朝咖啡馆前面望去。"我得梳洗一下，收拾收拾我的东西。"她说。

我看着她朝放着她手机和其他随身物品的桌子走去。

"约翰，你今天帮了她很多。"凯茜说，"和今天早晨相比，她现在像变了个人似的。"

"我还记得那种感觉。"我看看凯茜，再看看迈克，"我记得在这个地方，和你们俩相处没多长时间，我就产生了巨大的变化。"

迈克调整了一下抱艾玛的姿势。"约翰，很高兴再次见到你。"他说着伸出一只手。

我和他握了握手，冲他露出微笑。"我也是。谢谢你和我聊的一切。"

他说："凯茜，你能帮我做完收尾工作吗？我得把这个小不点儿抱到床上去。"

她点了点头："没问题。"

"啊喽哈，约翰。"迈克说完转身往后门走去。

"啊喽哈，迈克。"我回答。

现在咖啡馆安静了。

"我们到前面去吧。"凯茜说。

我们走出厨房，来到咖啡馆前部。我伸手拂过柜台的铬合金包边和高脚凳，心头一时涌起了伤感的情绪。

"你还会再来的。"凯茜说,"也许比你想的还要快。"

我看着她:"如果明天我骑车来这儿,咖啡馆还会在吗?"

她笑了:"约翰,决定这件事的因素有上百万个。"

伤感再次袭上我的心头。

她把手放在我肩上:"等你的'原来如此'书出版了,别忘了我们跟你订的货。"

我点了点头。

这时,杰西卡从卫生间出来,朝我们走来。她已经换下泳装,重新穿上了她的商务装,和刚到咖啡馆的时候一样,头发高高盘起,脚上穿着高跟鞋。她走近的时候手机突然响了。于是,她停下脚步,开始翻找手包。

我看看凯茜,她耸了耸肩膀。

杰西卡从包里拿出手机,但已经错过了那个电话。"怪了,"她边看手机边说,"现在信号又好了,我收到好多条信息。"她开始摆弄手机,逐条浏览收到的信息,表情变得严肃起来。

我又瞟了凯茜一眼。

"约翰，现在很晚了，"凯茜说，"你有自行车，是吧？自己骑回去没问题吧？"

我点了点头："现在路上挺黑的，不过我骑慢点，没事的。"

说实话，我也不太确定该怎么骑回去。不过，我觉得我有办法。

"我开车送你。"

说话的是杰西卡。她手里依然握着手机，但看的是我。

"我可以开车送你回去。"

我望着身穿商务装和高跟鞋的她，说："不用了，杰西卡。我今早骑了很长一段路才来到这儿，自行车已经被我弄得脏兮兮的。另外，你的车也不适合装自行车。我不想把它搞得一团糟……"

杰西卡看着我和凯茜，露出微笑。刚才她脸上的严肃与紧张都不见了，她又绽放出今天白天荡秋千之后的那种笑容，特别灿烂、美丽，充满朝气。随后她关上手机，把它扔进包里。

"你笑什么？"我问。

"那不过是一辆车而已。"她说，脸上的笑容越发灿烂，"不过是一辆车而已。"

　　　　　　　〔全书完〕

约翰·史崔勒基
John Strelecky（1969—）

他和书里那个"约翰"一样，曾经非常迷茫。

他本来拥有工商管理硕士学位，在企业工作多年。
32 岁那年，他突然和妻子背起背包，踏上环球之
旅，花了 9 个月时间走过 11 万公里路程。

返回美国后，他把自己的经历和感悟写成《世界
尽头的咖啡馆》，本来是自费出版，没想到一年
之内这本书就变成畅销书，被翻译成 39 种语言。

他是旁人眼中的"疯子"，而他不顾一切走上旅
行和写作这条路，希望能通过所写的书，成为更
多读者人生旅途中的伙伴。

万洁

隐居家中，远离尘嚣。

译有《世界尽头的咖啡馆》《纳尼亚传奇》《性本自然》等书。

重返世界尽头的咖啡馆

作者 _ [美] 约翰·史崔勒基　　译者 _ 万洁

产品经理 _ 杨珊珊　　装帧设计 _ 星野　　产品总监 _ 周颖

技术编辑 _ 白咏明　　责任印制 _ 陈金　　出品人 _ 吴涛

营销团队 _ 毛婷 孙烨 魏洋　　物料设计 _ 星野

鸣谢（排名不分先后）

周颖琪 阮班欢 李佳 牛雪 王璟 张毅平 叶晓洲 徐敏君 李倩 黄颖君 潘毅

果麦
www.guomai.cn

以 微 小 的 力 量 推 动 文 明

图书在版编目（CIP）数据

重返世界尽头的咖啡馆 / (美) 约翰·史崔勒基著；
万洁译. -- 北京：北京联合出版公司, 2022.3（2025.1重印）
ISBN 978-7-5596-5740-4

Ⅰ.①重… Ⅱ.①约…②万… Ⅲ.①心理学—通俗
读物 Ⅳ.①B84-49

中国版本图书馆CIP数据核字（2021）第254373号

Return To The Why Café by John P. Strelecky
Copyright © John P. Strelecky 2014
Published by agreement with Aspen Light Publishing through Big Apple Agency.
Simplified Chinese translation copyright © 2022 by Guomai Culture & Media Co.,
Ltd.
All rights reserved.
北京市版权局著作权合同登记 图字：01-2021-5758

重返世界尽头的咖啡馆

作　　者：[美] 约翰·史崔勒基
译　　者：万　洁
出 品 人：赵红仕
责任编辑：李艳芬
封面设计：星　野

北京联合出版公司出版
（北京市西城区德外大街83号楼9层　100088）
北京世纪恒宇印刷有限公司　新华书店经销
字数115千字　787毫米×1092毫米　1/32　8印张
2022年3月第1版　2025年1月第10次印刷
ISBN 978-7-5596-5740-4
定价：54.80元